図解 道具としての
流体力学入門

西野創一郎 [著]

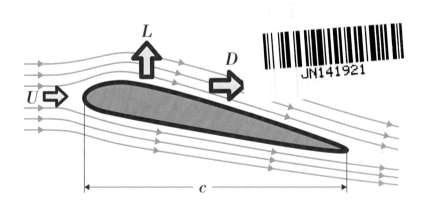

日刊工業新聞社

はじめに

　皆さんは「流体力学」に対してどのようなイメージをもたれているでしょうか。流体力学は機械工学における四力学の一つであり、ものづくりを進めるために必要不可欠な学問です。しかし、自分が学生時代に学んだことを思い出してみると、形の定まらない物体の運動を扱う、数学的に難しい学問だというイメージがありました。大学で流体力学の授業を担当したときに、いかにわかりやすく教えるか苦労したことを覚えています。

　世の中には流体力学に関するたくさんの教科書があります。それぞれが非常に工夫されており、どの領域を重点的に説明するかという点で特徴があります。一方で、流体力学の全体像を最低限の知識で簡単に説明した教科書は多くないと感じていました。また、頻出する数式の難しさから学ぶことが嫌になってしまう場合もあります。この本では、流体力学の全体像をいかに簡単に理解するかという点に力を注いで書きました。数式についても最低限の式（これだけでも難しいのですが）について、その導出過程の物理的な意味を明確にして、じっくり解説しました。

　流体力学は、エンジニアがものづくりを行う上で必要とされている学問の一つですが、最も重要な目的は、流体の運動における「流速」「圧力」そして「物体が流体から受ける力」を明らかにすることです。また、流体力学はエンジニアが設計や製造現場で起きる事象を論理的に解析する有効な道具であり、より良いものづくりに役立つものでなければなりません。このような観点から、流体力学を設計において役立つ道具として捉えて、それぞれの理論や公式と製造現場における工学的事象とを密接にリンクさせて、読者にとって本当に役に立つ新しい「流体力学」の教科書を提供したいという思いでこの本を書きました。本書の特徴は下記の通りです。

①流体力学における全体像を最小限の数式で理解することができる。
②設計や製造現場でエンジニアが直面する事例を例題として取り上げ、道具としての流体力学をいかに活用するか解説する。

　著者は加工や接合、そして製造現場における不具合解決など100件以上の共同研究を通じて様々なものづくりの現場を見てきました。その経験から、実学としての流体力学を道具としてうまく使うためには、実例をきちんと示して基礎理論との結びつきを明らかにすることが重要であると考えています。

余談になりますが、塑性加工や熱処理、溶接など製造に関連する技術は、工業製品の創成にとって重要な役割を占めています。しかし、製品開発の実務を担う設計者たちが、自分たちの設計した製品がどのようにして加工され、組み立てられていくか知らないという話を聞いて驚いた経験があります。同様に、流体機械の設計者が、流体力学を有効な道具としてどのぐらい活用しているのかが気になっています。様々な基礎工学を道具として活用し、ものづくり全般を広く見据えて（一歩引いて全体を見て）自分たちの製品や技術の位置付けや役割を把握してほしい、そして幅広い素養を持ったエンジニアとして育ってほしいという願いを込めてこの本を書きました。ものづくりに関わるエンジニアの皆様にとってこの本が少しでもお役に立てれば望外の喜びです。

　本書は道具としての流体力学・入門編です。流体力学のすべてをこの本で伝えることは困難でしたので、最も重要な基礎事項に絞って平易に解説しました。物理と数学の基礎知識があれば誰でも理解できると信じています。さらに詳しい解説は別の機会に考えたいと思います。

　本書の企画から発行まで日刊工業新聞社出版局書籍編集部の天野慶悟氏には大変お世話になりました。著者の流体力学に対する思いを書籍として実現することができたのも天野氏のおかげです。厚く御礼申し上げます。最後に、執筆を温かく見守ってくれた家族に感謝します。

　2019年2月

西野　創一郎

図解 道具としての流体力学入門

目 次

流体力学とはどんなものか

- **1-1 四力学はどんなところで役立つか** ……………………………… 10
  - 1. 四力学とは？ 2. それぞれの力学の目的は？
  - 3. 四力学は設計でどのように役立つのか？

- **1-2 流体力学はどんなところで使われるの?** ……………………… 12
  - 1. 私たちの身のまわりの流体とは？ 2. 流体の利用方法は？
  - 3. 流体機械と作動流体とは？

- **1-3 たったこれだけ流体力学の全体像（1）**
  何を求める道具か ……………………………………………… 14
  - 1. 流体力学の目的は？ 2. 解析に必要な方程式は？
  - 3. 圧縮性、非圧縮性とは？

- **1-4 たったこれだけ流体力学の全体像（2）**
  運動方程式と保存則を使う ………………………………… 16
  - 1. 加速度の表現方法は？ 2. 流体に作用する外力とは？
  - 3. 流体力学における保存則とは？

- **1-5 設計で活用される流体力学** ……………………………………… 18
  - 1. 流体力学の活用分野は？ 2. 解析のポイントは？
  - 3. シミュレーションとは？

そもそも流体って何だろう

- 2-1 分子の運動から流体を理解する①
  固体、液体、気体の違いは何か……………………………………22
  1. 水の状態図とは？ 2. 原子・分子の運動とは？ 3. 固体、液体、気体の特徴は？
- 2-2 分子の運動から流体を理解する②
  分子の数や速度を求めてみよう…………………………………24
  1. アボガドロの法則とは？ 2. 気体と液体の単位体積あたりの分子数の差は？
  3. 気体分子の速度は？
- 2-3 圧力を分子のふるまいから説明する……………………………26
  1. 空気の成分は？ 2. 気圧とは？
  3. 分子レベルで気圧を考えるとどうなる？
- 2-4 流体の性質とは①圧縮性と粘性から流体を理解する……………28
  1. 圧縮性を考慮しなければならない条件は？ 2. 粘性とは？
  3. ニュートンの粘性法則とは？
- 2-5 流体の性質とは②非ニュートン流体の性質……………………30
  1. 非ニュートン流体とは？ 2. 流動曲線とは？ 3. レオロジーとは？

止まっている流体を調べよう

- 3-1 止まっている流体に働く力―パスカルの原理…………………34
  1. 静止流体における力のつりあいとは？ 2. パスカルの原理とは？
  3. 流体を使って力を増やす方法は？
- 3-2 重力場における静止流体の圧力変化……………………………36
  1. 登山では気圧はどのように変化するか？ 2. エレベータで耳の中の変化
  3. 重力場での圧力分布を表す式は？

3-3　圧力はどのようにして測定するのか①マノメータの原理 ……… 38
　　　1. 気圧の測定方法は？　2. マノメータとは？
　　　3. ゲージ圧力と絶対圧力の違いは？

3-4　圧力はどのようにして測定するのか②（例題） …………………… 40

3-5　浮力って何だろう①浮力と重力 ……………………………………… 42
　　　1. アルキメデスの原理とは？　2. 浮力の大きさはどのように表される？
　　　3. 重心、浮心とは？

3-6　浮力って何だろう②浮力計算をしてみよう ……………………… 44

第4章

運動している流体を調べよう−基礎編

4-1　運動している流体を調べるためのキーワード ………………… 48
　　　1. 圧縮性、粘性とは？　2. 定常／非定常流れとは？　3. 流れの次元とは？

4-2　流れを可視化する方法①PIV法とトレーサ粒子の運動 ……… 50
　　　1. 流れの可視化方法は？　2. PIV法とは？　3. 流線、流脈線、流跡線とは？

4-3　流れを可視化する方法②流線、流脈線、流跡線を描く ……… 52
　　　1. 流線の微分方程式は？　2. 流跡線の微分方程式は？
　　　3. 定常／非定常流れで流線は変わる？

4-4　流体だって変形する ………………………………………………… 56
　　　1. 流体の変形パターンは？　2. 伸縮変形速度とは？　3. せん断変形速度とは？
　　　4. 回転と渦度とは？

4-5　流体運動では加速度の表現が独特だ …………………………… 62
　　　1. ラグランジュの方法とは？　2. オイラーの方法とは？　3. 実質微分とは？

運動している流体を調べよう
—理想流体の運動方程式編

5-1 流体でも質量保存則は大事（連続の式） ……………………66
　1. 流体の運動解析における未知数は？　2. 流体の運動方程式とは？
　3. 連続の式とは？

5-2 理想流体に働く体積力と面積力 ……………………68
　1. 理想流体に働く力は？　2. 体積力とは？　3. 面積力とは？

**5-3 理想流体の運動方程式を立ててみよう
　　　（オイラーの運動方程式）** ……………………70
　1. 流体の質量、加速度は？　2. 流体に働く力は？　3. オイラーの運動方程式とは？

5-4 オイラーの運動方程式を解いてみよう（例題） ……………………72

ベルヌーイの式を活用して流速や圧力を求めよう

6-1 保存則を活用してより簡単に流速や圧力を計算しよう ……………76
　1. 流体力学における保存則とは？　2. 1次元流れとは？
　3. 管内の流速の求め方は？

6-2 ベルヌーイの定理はエネルギー保存則だ ……………………78
　1. 流体が持つエネルギーとは？　2. ベルヌーイの定理とは？
　3. ベルヌーイの定理が成り立つ条件とは？

6-3 ベルヌーイの式はオイラーの運動方程式から導かれる ……………80
　1. 力学におけるエネルギー保存則とは？　2. エネルギー保存則の導き方は？
　3. ベルヌーイの式の導き方は？

6-4　ベルヌーイの式を活用しよう（例題）……………………………82
6-5　運動量保存則を使って流体から受ける力を計算しよう……………88
　　　1．運動量保存則とは？　2．運動量保存則の導き方は？
　　　3．噴流が板に当たったとき受ける力は？
6-6　運動量保存則を活用しよう（例題）……………………………90

第7章

運動している流体を調べよう
―粘性流体の運動方程式編

7-1　粘性を持つ流体が流れると粘性力が発生する……………………96
　　　1．ニュートンの粘性法則とは？　2．せん断変形による粘性力は？
　　　3．伸び変形による粘性力は？
7-2　理想流体の運動方程式に粘性力を加えよう
　　　（ナビエ・ストークスの方程式）……………………………………102
　　　1．粘性流体に作用する力は？　2．ナビエ・ストークスの方程式とは？
　　　3．動粘性係数とは？
7-3　ナビエ・ストークスの方程式を解いてみよう（例題）……………104
7-4　円管内の粘性流体の流れを解析しよう
　　　（ハーゲン・ポアズイユ流れ）………………………………………109
　　　1．円柱座標系とは？　2．円柱座標系でのナビエ・ストークスの方程式は？
　　　3．ハーゲン・ポアズイユ流れとは？

物体まわりの流れの性質と、流れの中の物体が受ける力

- **8-1** 流体の粘性が物体にどのくらい影響するか ……………………………116
  1. 理想流体と粘性流体の違いは？　2. レイノルズ数の意味は？
  3. レイノルズ数の求め方は？

- **8-2** 流れの性質はレイノルズ数2320を境に変わる
  （層流と乱流）………………………………………………………………118
  1. 層流、乱流とは？　2. 層流から乱流に遷移する条件とは？
  3. 乱流の発生原因は？

- **8-3** 縮小モデルを用いた流体実験に必要な「相似則」………………………120
  1. 実機における流れを縮尺モデルで解析するためには？　2. 相似則とは？
  3. 相似則の証明は？

- **8-4** 物体近傍の流速は物体との摩擦で遅くなる（境界層）…………………122
  1. すべりなしの条件とは？　2. 粘性流体における摩擦とは？　3. 境界層とは？

- **8-5** 管内の流れでは内壁との摩擦で圧力損失が起こる………………………124
  1. 摩擦によるエネルギーの損失とは？　2. ヘッドとは？
  3. ダルシー・ワイスバッハの式とは？

- **8-6** 物体まわりの流体は剥がれて渦になる …………………………………126
  1. 理想流体と粘性流体における物体まわりの流れは？
  2. 理想流体と粘性流体で物体が受ける力は？　3. カルマン渦とは？

- **8-7** 物体が流れから受ける「抗力」……………………………………………128
  1. 抗力とは？　2. 摩擦抗力と圧力抗力とは？　3. 抗力の求め方は？

- **8-8** 流れのはく離を防いで揚力を高める（飛行機の安定飛行）……………130
  1. 揚力の求め方は？　2. 翼の性能と迎え角の関係は？　3. マグナス効果とは？

流体力学とは
どんなものか

1-1 四力学はどんなところで役立つか

> **ポイント**
> 1. 四力学とは？　2. それぞれの力学の目的は？
> 3. 四力学は設計でどのように役立つのか？

　機械工学には、力学のファミリーとして四つの力学があります。「**機械力学**」「**材料力学**」「**熱力学**」そして「**流体力学**」です。それぞれの学問の内容は、機械力学は物体に働く力を計算してその運動や振動の制御を解析する学問、材料力学は固体材料の変形や剛性を解析する学問、熱力学はエネルギーや熱の状態変化、移動や伝わり方を解析する学問、そして**流体力学は自由に変形する流体の運動を解析する学問**です。また機械工学便覧（日本機械学会編、丸善、2007年）では、**工学的に応用するという立場から次のように定義されています。**

機械力学：機械の機構と構造に現れる力学現象、すなわち機械における力と運動の関係を扱う学問である。おもな内容は機械の駆動系と運動状態の安定性、機械の振動（耐震設計、振動制御を含む）などに関わる諸問題である。
材料力学：材料の変形特性や強度などの性質を調べる学問である。もっと詳しく言えば、機械や構造物に加わる外力が各構成部材にいかなる作用を及ぼすか、特に部材の各部分にはどのような力や変形が生じるかを、理論と実験の両面から調べる学問分野である。
熱工学：熱に関する学問と熱関連機械に関わる技術的・工学的知識の体系をいう。熱工学で扱われる分野は熱力学を中心として、熱物性・伝熱・燃焼・エネルギー変換などを含む。
流体工学：流れに関する学問と、管路・噴流・翼列など実際の流体機械に関わる技術的・工学知識の体系をいう。歴史的には水路・管路・水力機械に現れる現象を扱う経験的色彩の濃い水力学と、流体の運動を数理物理学的に解析する理論的色彩の濃い流体力学、およびその応用に大別される。

　工業製品に限らず、およそ世の中のすべてのものを設計、製造するためにはこの四力学（工学）が不可欠です。例えば自動車が走るための**エンジンの効率化**には**熱力学**が、走行中の車体まわりの**空気抵抗の計算**には**流体力学**が、走行中の**振動制御**には**機械力学**が、そして、様々な部品を支える**車体構造の設計**では**材料力学**がそれぞれ使われています。四力学はものづくりの基本であり、エンジニアが製品を設計する際に必要不可欠な理論であり有用な道具なのです。

自動車設計にみる四力学の役割

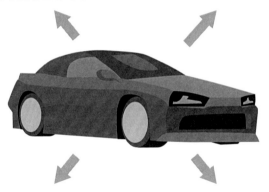

流体力学
車体周りの空気の流れと抵抗を調べる
→ 空気抵抗を減らして燃費を向上させる

機械力学
走行中の運動や振動を調べる
→ 安全に走行できる車を作る

材料力学
さまざまな部品に働く力と変形を調べる
→ 十分な剛性と強度を持つ車体を設計する

熱力学
エンジン内の熱の発生や伝わり方を調べる
→ 効率の良いエンジンを開発する

1-2 流体力学はどんなところで使われるの?

ポイント
1. 私たちの身のまわりの流体とは?
2. 流体の利用方法は?　3. 流体機械と作動流体とは?

　私たちの身のまわりは、気体と流体で満たされています。気体である空気がなければ私たちは呼吸ができません。また、人間の体は体重の65%（約2/3）が血液と体液で構成されています。空気（酸素）や血液が体の中を流れて循環することで私たちは生命活動を維持しています。気体や流体の流れは人間の身体活動にとって重要な役割を果たしています。

　空気や水の運動はエネルギーを生み出します。人類が最も古くから利用している風車や水車は風や水の流れによって羽根を回転させて運動エネルギーを得ています。動力が存在しなかった時代には、船は帆が風を受けることによって進んでいました。18世紀半ばから19世紀にかけて起こった産業革命では、水を沸騰させて発生する蒸気を利用した蒸気機関によって大きな動力を得ることができるようになりました。この動力のおかげで大きな工場を運用することが可能となり、機械工業の発展に寄与しました。現在、世の中の電気は、燃料を燃やして水を沸騰させ、発生した蒸気でタービンを回すことによって発電機を作動させて得られています。

　また重量のある機械を動かすために圧縮空気や油圧が利用されています。新幹線のドアは圧縮空気によって、飛行機の翼に付いているフラップは油によって動かされています。流体機械に用いられる液体や気体は「作動流体」と呼ばれます。**様々な種類の作動流体によってエネルギーを発生させ、そのエネルギーを利用して、それぞれの機械の目的に合った仕事をさせるのが流体機械で**す。作動流体の種類は、水や空気、油や蒸気など様々です。作動流体は、運動することによってエネルギーを生み出します。したがって、流体力学によって流体の運動を解析することは流体機械の設計において重要な役割を果たします。

　また、流体力学によって身のまわりの現象を深く理解することができます。例えば、レーシングカーの車高はなぜ低いのか、野球の球や台風はなぜ曲がっていくのか、川の流れは源流では速く川幅の大きい下流では遅くなるのはなぜか、など身近な問題を流体力学によって明快に説明することができます。なおこれらの質問の解答については後の章で説明します。

エネルギーの発生・伝達と流体

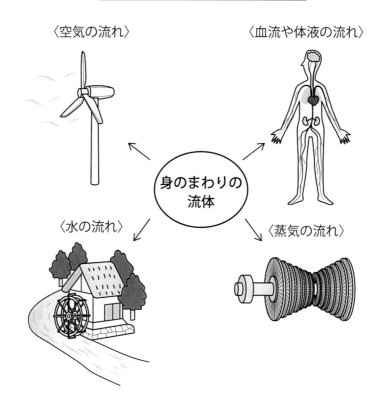

流体機械と作動流体

機械	流体
ポンプ、水車、船	水
風車、飛行機	空気
発電、ボイラ	蒸気
ドア開閉機構、ジャッキ	油

1-3 たったこれだけ流体力学の全体像(1) 何を求める道具か

ポイント 1. 流体力学の目的は？ 2. 解析に必要な方程式は？
3. 圧縮性、非圧縮性とは？

　流体力学はその名の通り、**流体の運動を理論的に把握する「力学」**です。力学は質量を持った物体に外力が作用したときの運動を解析して、ある時刻における速度や位置を求める学問です。流体力学も同様です。対象となる物体が固体ではなく、流体（水や空気）となります。学問体系は同じですので、力学で習った運動方程式や保存則をそのまま適用することができます。

**　　流体の質量（密度）×加速度　＝　流体が受ける外力**

　上記の運動方程式を解くことによって、流体運動の解析を行うことが流体力学の目的です。解析で求めなければならない未知数は「密度」「X方向の流速」「Y方向の流速」「X方向の流速」「圧力」の5つです。

　流体の密度は水などの液体であればほとんど変化しませんが、空気などの気体は力や温度によって容易に変化します。**密度が変化しない流体を非圧縮性流体、変化する流体を圧縮性流体**と呼びます。圧縮性流体では、場所によって密度が異なっているために密度も変数となります。一般に、空気の圧縮性は流れの速さが音速よりも十分に早いときに問題となります。本書では、日常扱う頻度がはるかに多い水など非圧縮性流体の運動解析を中心に説明します。

　非圧縮性流体では密度は変化しないので、求めなければならない未知数の数は4個となります。したがって下記のように方程式が4つ必要になります。

① X方向の運動方程式
② Y方向の運動方程式
③ X方向の運度方程式
④ 連続の式（質量保存側）

**　流体力学の基本は、運動方程式（X, Y, Z方向）と連続の式（質量保存側）を連立させて、対象となる流体の流速（X, Y, Z方向）と圧力を求めることです。**

　力学と同じように流れの解析も1次元、2次元、3次元の3種類があります。1次元の流れは例えば配管内で一方向（X方向）に流体が運動している場合を指します。その際には、運動方程式はX方向の1個であり、連続の式と連立させて、X方向の流速と圧力を求めます。

流体の解析で求めたいパラメータ

①X 方向の流速
②Y 方向の流速
③Z 方向の流速
④圧力
⑤密度（圧縮性流体の場合）

> 運動方程式を解いて速度、圧力、密度を求めよう!!

流体の解析に必要な4つの方程式

①運動方程式　→　m a ＝ F
　　　　　　　　　質量 加速度　外力
　（X 方向、Y 方向、Z 方向のそれぞれで必要）

②連続の式　→　質量保存則

流れの次元

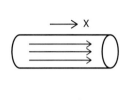
1次元流れ

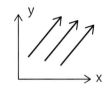
2次元流れ

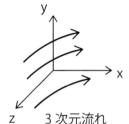
3次元流れ

1-4 たったこれだけ流体力学の全体像(2) 運動方程式と保存則を使う

ポイント
1. 加速度の表現方法は？　2. 流体に作用する外力とは？
3. 流体力学における保存則とは？

　前節において、流体運動の解析は運動方程式と連続の式を連立させて解くことであると述べました。本節では運動方程式についてさらに詳しく見ていきましょう。特に、流体力学特有の解釈がありますので注意してください。

　まず、加速度の表現方法についてです。流体運動の解析には「ラグランジュの方法」と「オイラーの方法」の2種類があります。ラグランジュの方法では、流体を細かい部分に分割した粒子として考え、この粒子の運動を追跡して調べる手法です。ただし、この方法では無数の粒子の集まりである流体の運動を調べることは困難です。一方、オイラーの方法は、決まった場所を通過する流体の速度や圧力を調べるものであり、この方法のほうが流体の解析には適しています。したがって、**流体の運動方程式における加速度はオイラーの方法に基づいた表現に変えなければなりません**。詳細については4-5節で説明します。

　運動方程式の右項は流体に働く外力を示しています。その外力とは、「**体積力（重力、浮力、クーロン力など）**」「**面積力（圧力）**」「**粘性力（粘性流体の場合のみ考慮）**」の3つを指します。

　流体中の立方体を想定したときに、その立方体全体に働く重力や浮力、クーロン力を「体積力」、それぞれの面に作用する圧力を「面積力」と呼びます。粘性力は粘性流体を扱うときに考慮する外力であり、粘性を無視できる場合は考慮する必要はありません。粘性のない流体を「完全流体」と呼びます。また、粘性も圧縮性もない流体を「理想流体」と呼びます。質量（密度）にオイラーの方法に基づいた表示形式の加速度を乗じて、右項に対象となる流体に作用している外力を入れて運動方程式を作れば、後は数学的に方程式を解くだけです。理想流体の運動方程式を「オイラーの運動方程式」、粘性流体の運動方程式を「ナビエ・ストークスの方程式」と呼びます。両者の違いは外力で粘性力を考慮するか、しないかの違いです。

　力学と同様に流体力学にも保存則が存在します。運動量とエネルギーの保存則は、運動方程式から導かれるので、**保存則を使えば流速や圧力を求めることができます**。流体力学における保存則を力学と対応させて次頁下図に示しました。

流体の運動方程式

$$m \times a = F$$

- m：質量（密度）
  - 非圧縮性
  - 圧縮性

- a：加速度
  〈表現方法〉
  - ラグランジュ
  - オイラー

- F：外力
  - 体積力（重力など）
  - 面積力（圧力）
  - 粘性力（粘性流体の場合）

- 理想流体 → オイラーの運動方程式（粘性力無し）
- 粘性流体 → ナビエ・ストークスの方程式（粘性力有り）

保存則

〈力学〉		〈流体力学〉
質量	⟵⟶	連続の式
運動量	⟵⟶	運動量
エネルギー	⟵⟶	ベルヌーイの法則

> 保存則を活用すれば流速や圧力を簡単に求められる!!

1-5 設計で活用される流体力学

ポイント 1. 流体力学の活用分野は？ 2. 解析のポイントは？
3. シミュレーションとは？

　流体力学はあらゆる産業分野で活用されています。飛行機や自動車、電車などの輸送機器は空気の抵抗を受けながら動いており、その抵抗をいかに減らすかが燃費向上に関わってきます。自動車産業では、環境問題に対応した燃費向上において軽量化だけではなく様々な走行抵抗を減らすことが要求されています。また社会を支える動力源の分野では、ポンプによって水を移動させることや、蒸気タービンによる発電やプラントの運用に流体力学が関わっています。さらに気象予測や風の流れに対抗した建築物の設計にも役立っています。身のまわりの生活では、家電製品やスポーツ、医療分野（血液や体液の流れ）などに流体力学が関わっています。

　このような流体の運動による多種多様な工学現象を解析することが道具としての流体力学の使命ですが、解析の方法については基本的には運動方程式を解くことに変わりはありません。**ポイントは作動流体の性質にあります。まず、圧縮性か非圧縮性か、粘性の有無について考えてみてください。次に作動流体に作用する外力を見つけたら、運動方程式を解いて流速と圧力、密度を求めてください。**保存則を活用すれば簡単に答えが得られる場合もあります。

　方程式を解くことが困難な場合は、近似解法によって答えを得ることも可能です。主にコンピュータによるシミュレーションがこれに相当します。近年ではコンピュータの性能向上によって、かなり複雑な現象でも解析することが可能です。また、**シミュレーションでは簡単に流れを可視化することができる**ために設計にとって非常に強力なツールとなっています。次頁下図は学生が自作したフォーミュラーカーにおける空気の流れを可視化したものです。フォーミュラーカーの後方には翼が設置されており、空気の流れがこの翼に作用することによって車を路面に押し付ける力を生じさせ、タイヤのグリップ力を増して操作性を向上させます。また、車の下には大きな板が配置されており、車高を下げて車の下を流れる空気の速度を増やします（連続の式）。流速が増えると圧力は下がって（ベルヌーイの定理）、車は路面に押し付けられ、翼の効果と相乗して操作性が向上します。

流体力学の活用分野

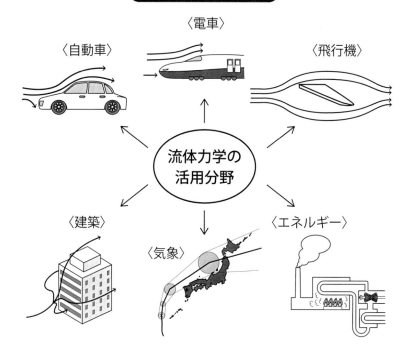

流体力学におけるシミュレーションの活用

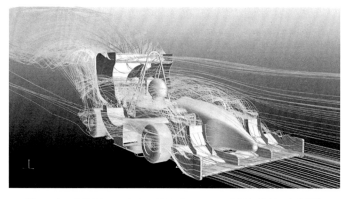

（シーメンス PLM ソフトウエアの Simcenter STAR-CCM+ を利用）

第1章のまとめ

- 私たちの身のまわりは流体（空気や水）で満たされており、流体の流れはエネルギーを生み出す
- 流体機械とは、様々な種類の作動流体によって発生したエネルギーを利用して、目的に合った仕事をする機械
- 流体力学の目的は、運動方程式（X、Y、Z方向）と連続の式（質量保存側）を連立させて、対象となる流体の流速（X、Y、Z方向）と圧力を求めること
  ① X方向の運動方程式
  ② Y方向の運動方程式
  ③ X方向の運度方程式
  ④ 連続の式（質量保存側）
- 流体の運動方程式「流体の質量（密度）×加速度 ＝ 流体が受ける外力」
- 密度が変化しない「非圧縮性流体」、変化する「圧縮性流体」
- 流体運動の解析は「ラグランジュの方法」と「オイラーの方法」の2種類
- 流体に働く外力は下記の3つ
  ① 体積力（重力、浮力、クーロン力など）
  ② 面積力（圧力）
  ③ 粘性力（粘性流体の場合のみ考慮）
- 粘性のない「完全流体」、粘性も圧縮性もない「理想流体」
- 力学と同様に、流体力学にも保存則が存在
  ① 質量保存側（連続の式）
  ② 運動量保存則
  ③ エネルギー保存則（ベルヌーイの定理）
- コンピュータ・シミュレーションによる近似解法は流体解析において強力な武器であり、流れの可視化によって設計で活用

そもそも流体って何だろう

2-1 分子の運動から流体を理解する① 固体、液体、気体の違いは何か

ポイント
1. 水の状態図とは？　2. 原子・分子の運動とは？
3. 固体、液体、気体の特徴は？

　固体、液体、気体の違いについて考えるために身近な水に注目してみましょう。縦軸に圧力（気圧）、横軸に温度を設定して、水の状態図を描くことができます。1気圧において水は0℃以下で固体の氷です。0℃を超えると溶解して液体の水になります。そして温度をさらに上昇させると100℃で沸騰して気体の水蒸気になります。温度を上げるとなぜ固体から液体そして気体に変わっていくのでしょうか。

　この世の中のすべての**物質は原子、分子から構成されており、それらは常に動いています**。分子の運動は温度の上昇と共に大きくなります。一方で温度が下がれば運動は小さくなり、絶対零度（−273℃）で運動は停止します。例えば、氷を構成する水の分子は規則正しく並んでおり、運動（振動）しています。氷を暖めて0℃以上になると溶けて水になります。これは温度を上げると水分子の振動が大きくなって、分子間の結合力が弱くなった状態を示しています。したがって、液体である水は自由に形を変えることができます。さらに温度を上げていくと分子の運動は激しくなり、分子同士の結合力を超えて自由に動きまわるようになります。これが気体の水蒸気です。気体は分子同士の間隔が大きいため形だけではなく体積も自由自在に変えることができます。

　固体、液体、気体の特徴をまとめると次頁下図のようになります。固体は分子が規則正しく並んでおり、結合力が強いため外力が負荷されても大きく変形することはありません。液体は分子間力が弱いため、自由に形を変えることができますが、一定量の密度で分子が配置しているため体積が大きく変わることはありません。気体は分子間の距離が大きく、分子が自由に動き回っているため、形も体積も自由に変えることができます。1-3節で気体は密度が変化する圧縮性、液体は密度が変化しない非圧縮性を持つと説明しましたが、その理由は分子の状態から説明することができます。このように、**身近な工学的現象（マクロ現象）は、原子・分子レベルのミクロ現象と密接に関連しており**、マクロからミクロまでスケールという視点を変えて現象を考えることはエンジニアにとって非常に重要です。

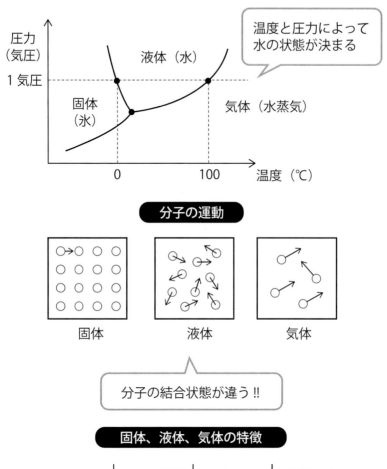

第2章 そもそも流体って何だろう

2-2 分子の運動から流体を理解する② 分子の数や速度を求めてみよう

ポイント 1. アボガドロの法則とは？ 2. 気体と液体の単位体積あたりの分子数の差は？ 3. 気体分子の速度は？

前節において、気体は分子が自由に運動している状態と述べました。液体と気体では単位体積あたりの分子数にどのぐらい違いがあるのか考えてみましょう。下記の例題を解いてみてください。

例題1 水および水蒸気$1cm^3$の体積に含まれている水分子の個数を計算してください。

この問題を解くために化学の知識を復習しましょう。「モル（mol）」という言葉を思い出してください。
- 原子1モルの質量は原子量にグラムをつけた質量に等しい
- 1モルの中に含まれる原子数は6.02×10^{23}個である（アボガドロ定数）
- 気体1モルの体積は22.4L（標準状態：1気圧、0℃）：アボガドロの法則

解答
- 水1モル＝18gに含まれる分子数は6.02×10^{23}個
  水$1cm^3$＝1gに含まれる分子数は
  $6.02 \times 10^{23} \times (1/18) = 3.34 \times 10^{22}$個
- 水蒸気1モル＝22.4Lに含まれる分子数は6.02×10^{23}個
  水蒸気$1cm^3 = 10^{-3}$Lに含まれる分子数は
  $6.02 \times 10^{23} \times (10^{-3}/22.4) = 2.69 \times 10^{19}$個

液体である水は、気体である水蒸気に比べて単位体積（$1cm^3$）あたり1000倍以上の分子数を含んでいることがわかります。したがって、一定量の分子数が占める体積で比較すると、**液体から気体になると体積が1000倍以上に増えます**。このように液体と気体では単位体積あたりの分子数に大きな違いがあり、分子数の少ない気体では分子が空間を飛び回っています。分子が存在しないところは何もないわけですから真空状態です。ただし、例題1で計算したように気体でも非常に多くの分子が飛び回っていることがわかります。

気体分子はどのぐらいの速度で空間を飛び回っているのでしょうか。分子運動論によって、分子の平均運動エネルギーは絶対温度に比例することがわかっています。すなわち、下記の式が成り立ちます。

$$\frac{1}{2}mv^2 = \frac{3}{2}kT \quad \cdots ①$$

（m：分子の質量、v：速度、k：ボルツマン定数、T：絶対温度）

式①を変形すると

$$v = \sqrt{\frac{3kT}{m}} \quad \cdots ②$$

式②によって気体分子の速度を計算することができます。

例題2 20℃における酸素分子（O_2）の速度を求めてください。

解答

　式②を使って速度を求めます。単位をそろえることに注意してください。
- ボルツマン定数　$k = 1.38 \times 10^{-23}$（J/K）
- 絶対温度　$T = 20 + 273 = 293$（K）
- 酸素分子の質量m
　酸素分子1モル＝32×10^{-3}（kg）　⇒　分子数6.02×10^{23}個
　1個の質量$m = (32 \times 10^{-3})/(6.02 \times 10^{23}) = 5.32 \times 10^{-26}$（kg）
　　したがって式②より　$v = 4.78 \times 10^2$（m/s）

　酸素分子の速度を時速に換算すると1720.8（km/h）となります。**分子は非常に高速で空間を飛びまわっていることがわかります。**式②より、分子量の小さい軽い元素ほど高速で空間を移動しています。様々な分子の速度について計算した例を下記に示します。

元素	分子量	速度（m/s）
水素（H_2）	2	1912
窒素（N_2）	28	511
酸素（O_2）	32	478
二酸化炭素（CO_2）	44	408

2-3 圧力を分子のふるまいから説明する

ポイント 1. 空気の成分は？ 2. 気圧とは？
3. 分子レベルで気圧を考えるとどうなる？

　私たちが生きている地球上は大気（空気）で満たされています。空気は複数の気体の混合物であり、約8割が窒素、約2割が酸素で構成されています。すなわち、空気は窒素分子と酸素分子の集合体であって、一定量の質量を持っており、その密度は1気圧、0℃で1.29（kg/m³）です。地球表面から高度15kmまでに大気の約90%が存在しています。**私たちの体は、高度15kmまでに満たされている空気の重さによって圧縮の力を受けています。これが大気の圧力（気圧）**です。圧力は単位面積あたりに受ける力の量として定義されます。地球上の大気圧は下記の通りです。

- 1気圧（atm）= 101.3（kPa）= 760（mmHg）
- 1（Pa）= 1（N/m²）

　1気圧は次頁右上図に示すように水銀柱760mm分の重量に相当します。大気が水銀表面を押す圧力とガラス管内の760mmの水銀の重さがつりあっています。

　気圧について分子レベルで考えてみましょう。空気中では、非常に多くの窒素および酸素原子が高速で飛んでいます。これらの分子は、地球上に存在する物体に常に衝突しています。分子が壁に衝突すると速度ベクトルの方向が変わり、分子の運動量（質量×速度）が変化します。力学を思い出してください。運動量の変化は力積（力×時間）に等しいので、壁は分子の衝突によって力を受けます。実は、この**空気分子の衝突によって物体が受ける力が気圧**です。地球表面から離れて高い位置に移動すると、空気の量は少なくなります。すなわち、運動して物体に衝突する分子の数が少なくなるので、気圧は低くなります。

例題 一辺の長さがLの立方体の箱の中を質量mの分子がvの速さで運動しています。分子の数をN個として、壁が受ける圧力Pを計算してください。

> **解答**
> 運動量の変化＝力積という関係式を使って計算します。

- 分子1個あたりの運動量の変化　$2mv$
- 分子の個数　N
- 分子が壁に衝突する回数　$v/2L$（分子の移動時間の逆数）
- 壁が受ける力　$F = P \times L^2$

$$2mv \times N \times (v/2L) = (P \times L^2) \times (1秒) \quad \cdots ①$$

式①より

$$P = Nmv^2/L^3$$

ここで、L^3 は立方体の体積を表しており V とすると

$$P \times V = Nmv^2 \quad \cdots ②$$

式②の右項は一定値であり、この式はボイルの法則を表しています。

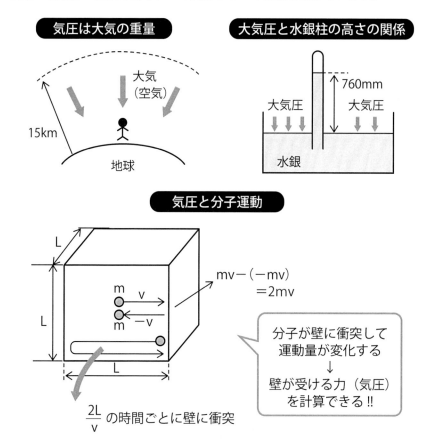

2-4 流体の性質とは①
圧縮性と粘性から流体を理解する

ポイント
1. 圧縮性を考慮しなければならない条件は？
2. 粘性とは？
3. ニュートンの粘性法則とは？

　流体において重要な性質は「圧縮性」と「粘性」です。本節ではそれぞれの性質について説明します。粘度や圧力によって流体の密度が変化する性質のことを「圧縮性」と呼びます。厳密に考えれば、液体と気体ともに圧縮性を有していますが、その影響の程度を考えなければなりません。**ほとんどの液体は非圧縮性として取り扱って問題ありません**。また、体積変化の大きい気体においても流れの速度が音速の0.3倍以下の速度であれば非圧縮性とみなされます。音速を340（m/s）とすると基準となる流速は約110（m/s）であり、時速に換算すると約400（km/h）となります。航空機や高速で回転するタービンのまわりの空気の流れを解析する際には圧縮性を考慮しなければなりません。実用上、圧縮性を無視しても差し支えない流れは非圧縮性流れと定義されます。その場合は、密度はどの場所でも一定の既知数となります。本書では「非圧縮性流体」について取り扱います。

　流体の「粘性」とは、文字のとおり流体の粘りを表しています。例えば、水はさらさらして粘りが少ないのですが、油や蜂蜜などは粘り気をもっています。粘性の原因は分子の運動に起因します。流体を構成する分子は様々な速度で運動しています。早い分子もいれば遅い分子もいます。非常に多くの分子が運動しているため、早い分子は遅い分子に衝突して進行を妨げられます。これは摩擦がある平面を滑っていく物体の運動と似ています。粘性の高い流体に板を入れてかき混ぜると粘性によって板は流体から抵抗を受けます。

　次頁中図に粘性の有無による管内の流れの相違を示します。粘性が無い流体（完全流体）の場合は壁面も内部も流速は変わりません。一方、粘性流体の場合は、管の壁面と流体の間に摩擦が生じて流速が小さくなります。粘性流体によって壁が受ける力は壁面に対して平行な方向に作用します。壁面に働く単位面積あたりの力を「せん断応力」と呼びτで表します。**せん断応力τは速度こう配に比例し、比例定数μを「粘性係数」または「粘度」と呼びます**。

$$\tau = \mu \frac{\partial u}{\partial y} \quad \cdots ①$$

式①の関係式を「ニュートンの粘性法則」と呼びます。**粘性流体の中では、遅い流体は早い流体に引っ張られ、早い流体は遅い流体に引きずられて、せん断応力が生じます。**せん断応力は粘性が高い流体ほど大きくなります。粘性係数μの単位は、$(N/m^2)/(1/s) = Pa \cdot s$と表されます。20℃の水の粘性係数は$1.0 \times 10^{-3}$（Pa・s）、20℃の空気の粘性係数は$1.8 \times 10^{-5}$（Pa・s）です。

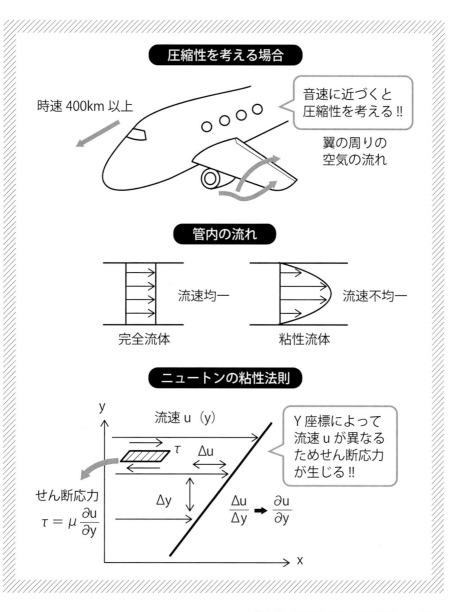

2-5 流体の性質とは②　非ニュートン流体の性質

ポイント
1. 非ニュートン流体とは？　2. 流動曲線とは？
3. レオロジーとは？

　前節で述べたように、粘性係数が一定値の流体を「ニュートン流体」と呼びます。一方、流体の種類によっては、**粘性が一定の値を示さずに変化していくものもあります。これを「非ニュートン流体」**と呼びます。コロイド化学や高分子化学の発展に伴い、ニュートンの粘性法則に従わない流体が次々に見出されてきました。

　縦軸にせん断応力、横軸に速度こう配を設定して描いたグラフを「流動曲線」と呼びます。完全流体は粘性係数$\mu=0$なので、せん断応力は働きません。ニュートン流体は、一定の傾きμの直線で表されます。それ以外の線は非ニュートン流体を表しています。非ニュートン流体には様々な種類があります。

　「ビンガム流体」や「塑性流体」は、速度こう配が0の場合でもせん断応力が働いており、粘土やアスファルトなどがこれに属します。

　「擬塑性流体」では速度こう配が0のときはせん断応力が働きませんが、速度こう配が大きくなると粘性係数が小さくなっていきます。溶融した高分子材料がこれに属します。「ダイラント流体」は、逆に速度こう配が大きくなると粘性係数が大きくなります。砂と水の混合物などはこの性質を示します。分子量の大きな流体がこのような性質を示すことがわかっています。固体と液体の中間レベル、**特に非ニュートン流体を扱う学問を「レオロジー」**と呼びます。本書では、水などの低分子量液体の解析を想定して、ニュートン流体として扱うこととします。

例題　2枚の板の間に粘性係数μのニュートン流体を満たします。上部の板をUの速度で動かしたときに板が水から受ける力を求めてください。ただし、2枚の板の間隔をH、上部の板の面積をSとします。

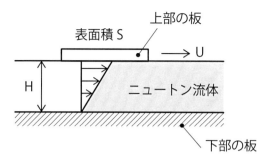

解答

- ニュートンの粘性法則より板に働くせん断応力 τ は

  $\tau = \mu (U/H)$

- 板の面積は S なので板全体に働く力 F は

  $F = \tau S = \mu S U / H$

すなわち、板に働く力は粘性係数、板の面積、板を動かす速度に比例して、板同士の間隔に反比例して大きくなります。

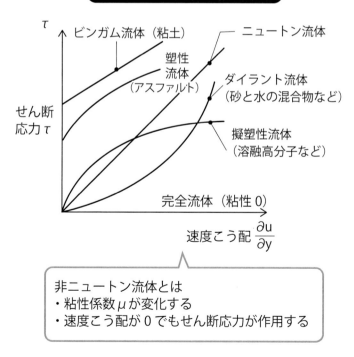

非ニュートン流体の流動曲線

非ニュートン流体とは
・粘性係数 μ が変化する
・速度こう配が 0 でもせん断応力が作用する

第2章のまとめ

- ●固体、液体、気体の特徴
  - ・固体 ⇒ 分子の結合力が強いため変形しにくい
  - ・液体 ⇒ 分子間力が弱いため変形しやすいが、体積は変わらない
  - ・気体 ⇒ 分子が自由に動いており、形や体積が変化する
- ●液体と気体では単位体積あたりの分子数に大きな差がある
- ●分子数の計算で使う法則（化学の復習）
  - ・原子1モルの質量は原子量にグラムをつけた質量に等しい
  - ・1モルの中に含まれる原子数は 6.02×10^{23} 個である（アボガドロ定数）
  - ・気体1モルの体積は22.4L（標準状態：1気圧、0℃）アボガドロの法則
- ●気体分子の速度

  $$v = \sqrt{\frac{3kT}{m}}$$

  （m：分子の質量、k：ボルツマン定数、T：絶対温度）
- ●大気圧
  - ・1気圧（atm）＝101.3（kPa）＝760（mmHg）
- ●気圧とは空気分子の衝突によって物体が受ける単位面積あたりの力
- ●圧縮性 ⇒ 温度や圧力によって流体の密度が変化する性質
  - ・ほとんどの液体は非圧縮性
  - ・気体では流れの速度が音速の0.3倍以下であれば非圧縮性
- ●粘性 ⇒ ニュートンの粘性法則

  $$\tau = \mu \frac{\partial u}{\partial y}$$

  （τ：せん断応力、μ：粘性係数、$\frac{\partial u}{\partial y}$：速度こう配）
- ●非ニュートン流体
  - ⇒ ビンガム流体、塑性流体、擬塑性流体、ダイラント流体
- ●非ニュートン流体の流動現象を扱う学問
  - ⇒ レオロジー

止まっている流体を調べよう

3-1 止まっている流体に働く力
―パスカルの原理

ポイント 1. 静止流体における力のつりあいとは？ 2. パスカルの原理とは？ 3. 流体を使って力を増やす方法は？

　流体力学は液体や気体などの流体の運動を解析するための学問です。流体が静止している状態を考えてみましょう。第1章で説明した運動方程式「流体の質量×加速度=流体が受ける力」では、流体が静止しているということは、左項が0になることを意味しています。すなわち右項の流体が受ける力をすべて足し合わせると0になるので、流体に働く力がつりあっていることを示しています。このように**静止した流体を扱う学問を「流体の静力学」**と呼びます。静止流体では速度こう配が存在しません（そもそも速度がありません）ので、粘性によるせん断力も作用しません。静止する流体に働く力は面積力である圧力、そして体積力である重力になります。これらの力がつりあっているのです。

　静止流体中では圧力が均等に負荷されています。言い換えると、**流体中に置かれた物体のどの面にも同じ圧力が作用しています。これを「パスカルの原理」**と呼びます。パスカルの原理を証明してみましょう。静止流体中に次頁上図の三角柱が置かれています。三角柱を横から見た図で力のつりあいを考えます。力のつりあいの式は下記のようになります。

- X方向　　$P_2 \times AC = P_1 \times BC \times \sin\theta$　…①
- Y方向　　$P_3 \times AB = P_1 \times BC \times \cos\theta$　…②

　ここで$BC \times \sin\theta = AC$、$BC \times \cos\theta = AB$を式①と式②に代入すると、$P_1 = P_2 = P_3$となります。したがって、どの面に働く圧力もすべて等しいことが証明されました。ここで注意することは三角柱の大きさが重力を無視できるぐらい微小なものであると仮定していることです。微小領域における解析では重力を無視してもかまいません。

　パスカルの原理を利用して力を増やすことができます。次頁下図のように直径の異なる円柱をつなぎ、中を液体を満たします。ピストン1（断面積A_1）に働く力をF_1、ピストン2（断面積A_2）に働く力をF_2とします。パスカルの原理より、液体のどの部分も圧力Pは等しいので③式が成り立ちます。

$$P = \frac{F_1}{A_1} = \frac{F_2}{A_2} \quad \cdots ③$$

例題1 ピストン1（直径100mm）を100Nの力で押し下げます。ピストン2の直径が200mmの場合、ピストン2を押し上げる力を求めてください。

解答

パスカルの原理から導かれる式③を使って解きます。式③より、

$$F_2 = F_1 \times \frac{A_2}{A_1} \quad \cdots ④$$

式④に値を代入すると、

$$F_2 = 100 \times \frac{100 \times 100 \times \pi}{50 \times 50 \times \pi} = 400 \text{ (N)}$$

したがって、ピストン1に加えた力をピストン2において4倍に増幅することができます。水圧や油圧を使って力を増幅する機構は身近な機械に応用されています。例えば、自動車のブレーキでは、非力な人間がブレーキを踏んで自動車を止めるために、パスカルの原理を利用して制動力を増幅しています。

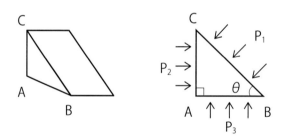

微小三角柱に作用する圧力

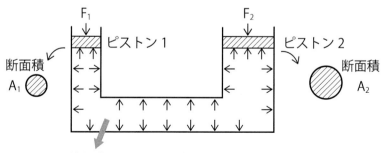

パスカルの原理

液体中の圧力Pはどの場所でも等しい

3-2 重力場における静止流体の圧力変化

ポイント 1. 登山では気圧はどのように変化するか？ 2. エレベータで耳の中の変化 3. 重力場での圧力分布を表す式は？

重力が作用している場における静止流体の圧力について考えてみましょう。身近な例で考えると、高い山に登ると気圧はどのように変化するでしょうか。標高の高い地点に行くほど気圧は下がっていきます。一方、海中に潜って深海まで下がっていくと水圧は上がっていきます。重力場において静止流体の圧力は高さ方向に変化していき、圧力分布を持ちます。この分布はどのような関数形で表されるのでしょうか。

静止流体の中に断面積dA、高さdzの円筒を考えます（次頁図）。円筒の下部（高さz）には上向きに圧力Pが作用しています。上面は下面からdz離れており上面に働く圧力は下面から変化しており下向きにP+dPと表します。また、この円筒の重心Gには下向きに重力（ρdAdz）gが作用しています。以上の3つの力のつりあいを考えると、上向きを正として、

$$PdA - (P+dP)dA - (\rho dAdz)g = 0 \quad \cdots ①$$

式①より、

$$dP = -\rho g dz \quad \cdots ②$$

式②より圧力変化＝流体の密度×重力加速度×高低差となりますので、高いところに移動すると圧力が減って、低いところに移動すると圧力が増えます。また、**圧力の変化は流体の密度と高低差に依存しており、同じ高低差であれば、大気中よりも水中の方が圧力変化は大きい**ことがわかります。

例題 エレベータに乗って、地上から50mの高さまで昇ったときの気圧の変化を求めてください。また、水中を50mの深さまで潜ったときの水圧を求めてください。両者を比較してみましょう。重力加速度を9.8（m/s^2）、空気の密度を1.2（kg/m^3）、水の密度を1000（kg/m^3）として計算してください。

解答

式②の両辺を積分します。高さhからh'まで移動した時に圧力がPからP'に変化した場合を考えます。

$$\int_P^{P'} dp = -\int_h^{h'} \rho g dz \quad \cdots ③$$

式③より、

$$P' - P = -\rho g (h' - h) \quad \cdots ④$$

式④に数値を代入します。

- エレベータで50mの高さまで上った時の気圧変化ΔP

  $\Delta P = -1.2 \times 9.8 \times (50-0) = -588 \;(Pa) = -0.588\;(kPa) \quad \Rightarrow \quad$ 圧力低下

  この圧力低下によって人間の耳の中の鼓膜が外側に向かって押されます。エレベータに乗って高層階まで上ったときの耳の違和感はこの気圧変化に起因します。

- 水中を50mの深さまで潜ったときの水圧変化ΔP

  $\Delta P = -1000 \times 9.8 \times (0-50) = 490000 \;(Pa) = 490\;(kPa) \quad \Rightarrow \quad$ 圧力上昇

  同じ高さでも気圧の変化に比べて非常に大きいことがわかります。水中を50mまで潜ると水圧が約5気圧まで上昇します。

重力場における圧力変化

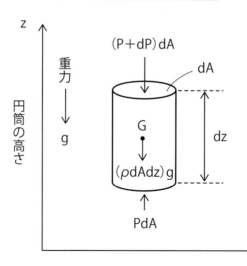

第3章 止まっている流体を調べよう

3-3 圧力はどのようにして測定するのか① マノメータの原理

ポイント
1. 気圧の測定方法は？ 2. マノメータとは？
3. ゲージ圧力と絶対圧力の違いは？

　圧力の測定方法について考えてみましょう。例えば気圧はどのようにして測定するのでしょうか。2-3節をもう一度見直してください。水銀で満たされた容器に、水銀で満たされたガラス管を立てます。水銀の液面は760mmの高さまで下がって停止します。大気の圧力は760mmの高さの水銀の重さとつりあっています。ちなみにガラス管の中の液面より上は真空です。この実験は1643年にトリチェリによって実施されました。トリチェリは、現在から約400年も前に気圧の測定方法を提示すると同時に真空状態を作り出すことに成功しました。水銀の密度は13.6×10^3（kg/m³）、重力加速度は9.8（m/s²）なので、体気圧を計算すると以下のようになります。

　大気圧＝水銀の密度×重力加速度×水銀の高さ
　1気圧（atm）＝ $13.6 \times 10^3 \times 9.8 \times 0.76 = 101.3$（kPa）

　このように**液体の高さの差を利用して圧力を測定することができます**。これを「液圧圧力計（マノメータ）」と呼びます。次頁中図に示すように密度ρの液体で満たされている圧力容器の内圧Pを測定するために容器の側面に先端が開放されているガラス管を設置します。ガラス管内を液体が上昇してhの高さで停止した場合に圧力Pを計算してみましょう。前節の式④を復習してください。大気圧をP_Aとすると下記の式が成り立ちます。

　$P - P_A = \rho g h$　…①

　式①より圧力容器の内圧を求めることができます。ここで注意しなければならないのは左辺の値は**大気圧との差で表現されているという点です。これを「ゲージ圧力」と呼びます。一方、絶対真空を基準とした圧力Pを「絶対圧力」と呼びます。**圧力の測定では大気圧を利用することが多いのでゲージ圧はよく用いられています。例えば、自動車のタイヤの適正空気圧はゲージ圧で表示されています。一方、天気図における気圧は絶対圧力で表示されています。そこではhPa（ヘクト・パスカル）という単位が使われています（下記は換算式）。

　1hPa＝100Pa　1気圧（atm）＝101.3（kPa）＝1013（hPa）
　1013hPaより大きい場合は高気圧、小さい場合は低気圧と表示されます。

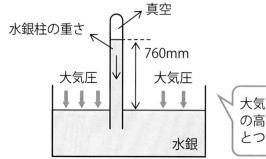

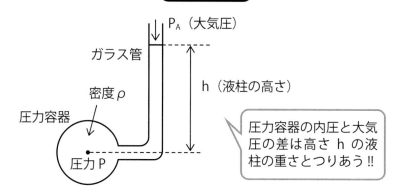

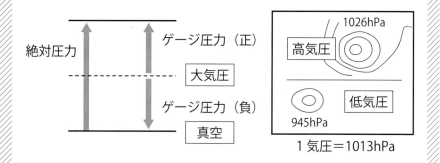

3-4 圧力はどのようにして測定するのか②（例題）

例題1 下図の圧力容器は密度ρの液体で満たされています。マノメータの端部Aにおける大気圧をP_Aとします。B点、C点、D点の圧力をそれぞれ求めてください。

解答1

3-3節の式①を用いて計算します。A点の圧力P_Aを使ってB点の圧力、そしてC点、D点の順番で圧力を求めていきましょう。

- B点の圧力P_B

  $P_B - P_A = \rho g h_2$

  $P_B = P_A + \rho g h_2$ …①

- C点の圧力P_C

  $P_C - P_B = \rho g h_1$

  式①より

  $P_C = P_B + \rho g h_1 = P_A + \rho g h_1 + \rho g h_2$ …②

- D点の圧力P_D

  $P_C - P_D = \rho g h_1$

  式②より

  $P_D = P_C - \rho g h_1 = P_A + \rho g h_2$

B点とD点の圧力は等しくなります。すなわち、同じ流体でつながっている場合、同じ高さでは圧力は等しいと考えてください。したがって、D点の圧力とA点の圧力の差は$\rho g h_2$となります。

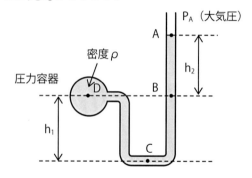

例題2 密度ρ_1の液体が入った圧力容器1と密度ρ_2の液体が入った圧力容器2が密度ρ_3の液体が入ったU字管でつながれています。圧力容器1におけるA点の圧力をP_Aとするとき、圧力容器2におけるB点の圧力P_Bを求めてください。

解答2

C点とD点の圧力は等しくなります。A点の圧力からC（D）点の圧力、そしてE点の圧力、最後にB点の圧力と順番に計算していきましょう。

- C（D）点の圧力

    $P_C - P_A = \rho_1 g h_1$

    $P_C = P_D = P_A + \rho_1 g h_1$ …①

- E点の圧力

    $P_D - P_E = \rho_3 g h_3$

    式①より

    $P_E = P_D - \rho_3 g h_2 = P_A + \rho_1 g h_1 - \rho_3 g h_3$ …②

- B点の圧力

    $P_E - P_B = \rho_2 g h_2$

    式②より

    $P_B = P_E - \rho_2 g h_2 = P_A + \rho_1 g h_1 - \rho_2 g h_2 - \rho_3 g h_3$

3つの流体において端部の高低差から順番に圧力差を決めていけば答えを導くことができます。このようなマノメータを「示差マノメータ」と呼びます。

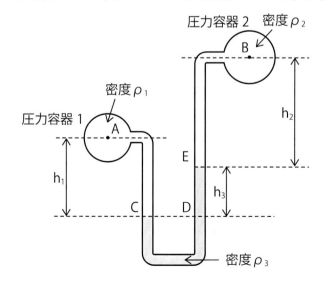

3-5 浮力って何だろう①浮力と重力

ポイント 1. アルキメデスの原理とは？ 2. 浮力の大きさはどのように表される？ 3. 重心、浮心とは？

　水の中に発泡ウレタンで作ったボールを沈めてみましょう。手を離せばボールは水面に向かって浮いていきます。どのような物体も静止流体中では浮力を受けます。船やヨットは浮力を利用することによって水面に静止することが可能であり、動力や風力によって水面を移動します。

　浮力を発見したのはアルキメデスです。「アルキメデスの原理」は下記のように表されます。

- 浮力は物体が押しのけた流体に働く重力と大きさが等しく方向が逆である
- 浮力の作用点（浮心）は押しのけた流体の重心に等しい

　流体の密度をρ_1、物体の密度をρ_2、体積をVとすると、流体中の物体には下向きに重力$\rho_2 Vg$、上向きに浮力$\rho_1 Vg$の力が作用します。すなわち、物体に作用するすべての力をF（上向き正）は下記の式で表されます。

$$F = (\rho_1 - \rho_2) Vg \quad \cdots ①$$

　式①より、物体の密度ρ_2が流体の密度ρ_1よりも大きいと物体は下向きに移動して沈み、逆に物体の密度が流体よりも小さいと上向きに移動して浮きます。流体中の物体が浮くか沈むかは、物体と流体の密度差によって決まります。発泡ウレタンの密度は水よりも小さいので浮きますが、鉄の密度は水よりも大きいので水中に沈みます。また、空気中における物体にも浮力は働いています。人は自分の体で押しのけた空気に働く重力と同じ大きさの浮力を受けています。

　静止流体中に浮いている物体を考えてみましょう。物体ABCDの重心をGとします。浮心はどこに位置するでしょうか。浮力は物体が押しのけた流体の重心に一致するので、液体中に沈んでいる部分EFCDの重心Hと一致します。重力が作用する重心Gと浮力が作用する浮心Hは位置がずれています。物体が傾いた場合を考えてみましょう。物体ABCDの重心Gの位置は変わりませんが、流体中に沈んでいる部分EFCDの形は変わるので浮心の位置は沈んでいる部分が多い左下に移動します。すなわち、浮力と重力によって物体ABCDには右向きの回転運動を起こさせるモーメントが作用して、元の位置に戻ります。この原理によって、船は波を受けて傾いても元の位置に戻ることができます。

アルキメデスの原理

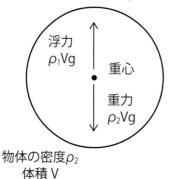

① 浮力は物体が押しのけた流体（体積 V）に働く重力と大きさが等しく方向が逆
② 浮力の作用点（浮心）は物体の重心

流体中の物体が浮くか沈むかは密度差で決まる!!

重心と浮心

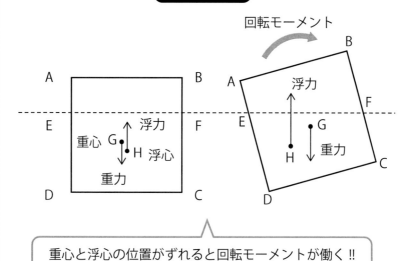

重心と浮心の位置がずれると回転モーメントが働く!!

3-6 浮力って何だろう②
浮力を計算してみよう

例題1 海水中に氷を浮かべると海面上に出ている部分の体積は海水中に沈んでいる部分に比べて大きいでしょうか、それとも小さいでしょうか？ 海水の密度は1.03（g/cm³）、氷の密度は0.92（g/cm³）です。

解答

氷の密度は海水よりも小さいので、氷を海水に沈めれば浮きます。氷の全体積をV、海面上に出ている部分の体積をvとします。
- 氷に働く重力＝氷の密度×氷の全体積×重力加速度
- 氷に働く浮力＝海水の密度×海面下の氷の体積×重力加速度

氷が海面に浮いている状態では重力と浮力がつりあっています。したがって、下記の式が成り立ちます。

$$0.92 \times V \times 9.8 = 1.03 \times (V-v) \times 9.8 \quad \cdots 式①$$

式①を変形して

$$\frac{V-v}{V} = 1 - \frac{v}{V} = \frac{0.92}{1.03}$$

$$\frac{v}{V} = 1 - 0.89 = 0.11$$

以上の計算より、海面上に出ている氷の体積は、全体積の約10％であることがわかります。小さな流氷でも海面下に沈んでいる部分の大きさは非常に大きいので、船がぶつかったら大きな衝撃を受けます。

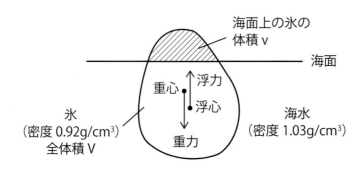

例題2 直径1mの風船にヘリウムガスを入れます。体重60kgの人間が空を飛ぶには何個の風船が必要でしょうか。空気の密度は1.29（kg/m³）、ヘリウムガスの密度は0.18（kg/m³）です。また、風船はゴム製で1個あたりの質量を100gとします。

解答

ヘリウムガスの密度は空気よりも軽いので、空気中で風船は浮力によって上昇します。風船の浮力と人間の重力がつりあったときに人間は宙に浮きます。ただし、風船自体のゴムと中に入っているヘリウムの重力を考えることを忘れないでください。

- 風船1個あたりの浮力＝空気の密度×風船の体積×重力加速度
- 風船1個あたりの重力＝
  （ヘリウムの密度×風船の体積×重力加速度）＋（ゴムの質量×重力加速度）

したがって、風船1個が浮き上がる力は下記の式で表されます。

$$1.29 \times \left(\frac{4}{3}\pi \times 0.5^3\right) \times 9.8 - 0.18 \times \left(\frac{4}{3}\pi \times 0.5^3\right) \times 9.8 - 0.1 \times 9.8 = 4.7 \text{ (N)}$$

体重60kgの人間に働く重力は60×9.8＝588（N）ですから、直径1mの風船が126個も必要になります。

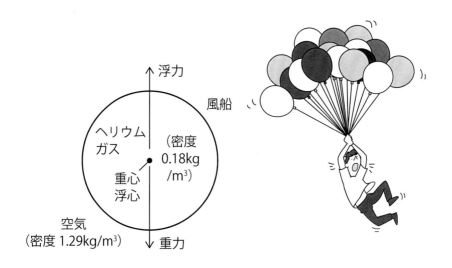

第3章のまとめ

- ●流体の静力学
  - ・静止する流体に働く力は面積力である圧力と体積力である重力
  - ・これらの力はつりあっている
- ●パスカルの原理
  - ・静止流体中では圧力が均等に負荷
  - ・流体中に置かれた物体のどの面にも同じ圧力が作用
  - ・パスカルの原理を利用して力を増やすことが可能
- ●重力が作用している場における静止流体の圧力
  - ・圧力変化＝流体の密度×重力加速度×高低差
  - ・$dP = -\rho g dz$
  - ・高所に移動すると圧力は減り、低所に移動すると圧力は増える
- ●トリチェリの原理
  - ・大気の圧力は760mmの高さの水銀の重さとつりあう
  - ・大気圧＝水銀の密度×重力加速度×水銀の高さ
    1気圧(atm) = $13.6 \times 10^3 \times 9.8 \times 0.76 = 101.3$(kPa) = 1013(hPa)
- ●液圧圧力計（マノメータ）
  - ・液体の高さの差を利用して圧力を測定することが可能
- ●ゲージ圧力と絶対圧力
  - ・ゲージ圧力：大気圧との差
  - ・絶対圧力：絶対真空を基準とした圧力
- ●アルキメデスの原理
  - ・浮力は物体が押しのけた流体に働く重力と大きさが等しく方向が逆
  - ・浮力の作用点（浮心）は押しのけた流体の重心に等しい
  - ・流体中の物体が浮くか沈むかは、物体と流体の密度差によって決定
- ●重心と浮心
  - ・静止流体中に浮いている物体では重心と浮心の位置がずれる
  - ・重心に働く重力と浮心に働く浮力の間でモーメントが生じる場合がある
  - ・その際に物体は回転する

運動している流体を調べよう—基礎編

4-1 運動している流体を調べるためのキーワード

ポイント 1. 圧縮性、粘性とは？ 2. 定常／非定常流れとは？
3. 流れの次元とは？

運動している流体を調べる前に、様々な流体の性質について復習します。

• **圧縮性**

温度や圧力によって密度が変化する性質を圧縮性と呼びます。厳密に考えれば液体も気体も圧縮性を有していますが、ほとんどの液体は密度の変化しない非圧縮性として取り扱って構いません。**体積変化の大きい気体において流れの速度が音速の0.3倍以上のときに圧縮性を考えます。**圧縮性を考慮する場合は、流速と圧力に加えて、密度も場所や時間によって異なる変数となります。本書では、非圧縮性の液体の流れについて取り扱うので密度は一定として流体の運動を解析します。

• **粘性**

圧縮性の場合と同様に、厳密に考えればどのような流体も粘性を有しています。粘り気の小さい水ではその影響を無視して流体の解析を行うことが可能です。一方、油や蜂蜜など粘り気の大きい流体の解析では、液体の粘性を考慮する必要があります。**粘性体の流れでは、流体に粘性力（せん断応力）が働きます。**粘性力は、粘性係数と速度こう配の積で表されます。粘性流体の解析では、流体に働く力は体積力（重力、浮力、クーロン力など）と面積力（圧力）に加えて粘性力を考えなければなりません。

• **定常/非定常流れ**

時間的に変化しない流れを「定常流れ」と呼びます。例えば、水道の蛇口を開いて水を流す場合を考えてみましょう。蛇口から出る水の速度は一定なので定常流れになります。次に、蛇口を徐々に開けていく場合を考えましょう。蛇口から出る水の速度は徐々に大きくなっていきますので時間的に流速が変化する「非定常流れ」になります。

次頁上図のように、断面積が変化する管内の流れを考えてみてください。断面Aに比べて断面Bでは管路が狭くなっているため流速は早くなります。一定の場所（ここでは断面A）における速度が時間的に変化しない場合、定常流れと定義されることに注意してください。

- 1次元流れ、2次元流れ、3次元流れ

　1次元流れは、配管内で一方向（X方向）に流体が運動している場合を示します。下図のような3次元の羽根の周りの流体の解析を行う場合、この羽根の形状が奥行き方向（Z方向）において同様の形状であれば、2次元流れの解析で近似しても十分な結果を得ることが可能です。対称性を利用して次元を下げることは、特にコンピュータによる流体解析の際に有力な手段となります。流体力学における運動方程式は一般化された形で3次元の方程式として表示されます。

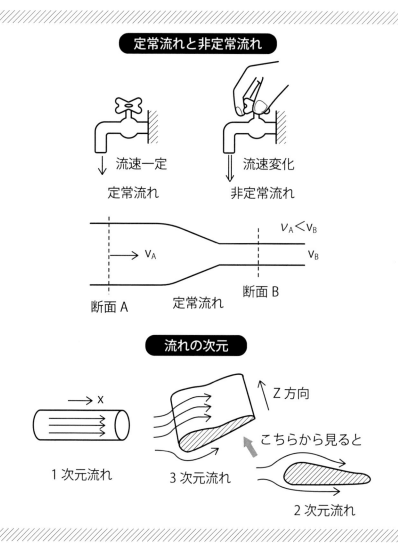

4-2 流れを可視化する方法① PIV法とトレーサ粒子の運動

ポイント！ 1. 流れの可視化方法は？ 2. PIV法とは？
3. 流線、流脈線、流跡線とは？

第1章で述べたように、運動している流体において私たちが知りたいことは、空間上の任意の点における密度、X、Y、X方向の「流速」および「圧力」です。非圧縮性流体では密度は変化しませんので、知りたいパラメータは4つになります。これらは運動方程式（微分方程式）を解くことによって求めることができます。

流速と圧力を知ることは重要ですが、まず、流体を可視化することを考えてみましょう。物体のまわりの流れを見えるようにするためにはどうすればいいでしょうか。

自動車のまわりの空気の流れについて調べてみましょう。空気は無色なので流れを見ることはできません。空気の中に煙を流していくと自動車のまわりの流れを可視化することができます。流れを可視化するためには、流体の中にトレーサと呼ばれる粒子を投入して、その運動を追っていくことが有効です。最近では、流体の中に混入したトレーサ粒子の運動をシート状のレーザ光で可視化して、高速度カメラで粒子を追跡することで、流速の分布を求める技術が導入されています。この方法は「粒子画像流速測定法（Particle Image Velocimetry、：PIV法）」と呼ばれています。

流体の流れを表す線には「流線」「流脈線」「流跡線」の3つがあります。巨大な扇風機で起こした風を固定されている車に当てます。風の中にトレーサ粒子として非常に軽い小さな玉を投入した場合を考えてください。3つの線は下記の様に定義されます。

- **流線**：各トレーサ粒子の速度ベクトルを滑らかにつないだ線

ある瞬間において各粒子は速度ベクトルを持っています。ベクトルは大きさと方向を持っているので矢印の長さと向きで速度ベクトルは図示されます。それぞれの点における速度ベクトルを滑らかにつないでいくと流線を描くことができます。

- **流脈線**：ある点を通過したすべてのトレーサ粒子の位置をつないだ線

多数のトレーサ粒子をある点から連続的に投入します。複数の粒子が車の周

りを流れていき、時間差によって様々な位置に粒子が存在します。ある瞬間において、これらの粒子をつないだ線が流脈線になります。

- **流跡線**：1個のトレーサ粒子が運動する軌跡

 1個のトレーサ粒子を投入して、車の周りにおける粒子の運動軌跡が流跡線になります。

 時間的に変化しない定常流れでは、流線、流脈線、流跡線はすべて一致します。すなわち、定常流れの可視化は、どの手法を用いてもよいということです。

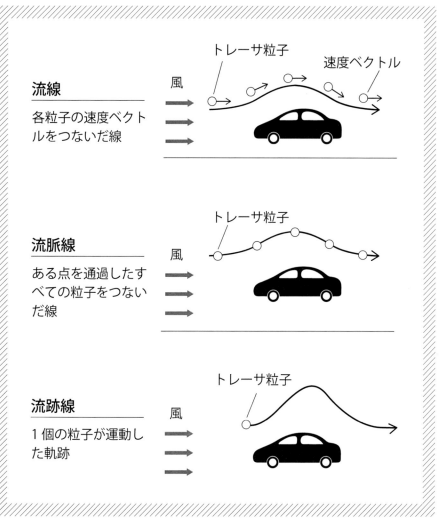

4-3 流れを可視化する方法② 流線、流脈線、流跡線を描く

ポイント
1. 流線の微分方程式は？ 2. 流跡線の微分方程式は？
3. 定常／非定常流れで流線は変わる？

　流線の微分方程式を導いてみましょう。3次元空間において流線が描かれています。二次元平面（XY平面）へ投影した流線を考えます。点Aにおける接線の傾きは、X方向の流速uとY方向の流速vによって下記の式で表されます。

$$\frac{dy}{dx} = \frac{v}{u} \quad \cdots ①$$

同様にYZ平面へ投影した場合も同様に考えてY方向の流速をv、Z方向の流速をwとすると下記の式が成り立ちます。

$$\frac{dy}{dz} = \frac{v}{w} \quad \cdots ②$$

式①と②より流線の微分方程式が導かれます。

$$\frac{dx}{u} = \frac{dy}{v} = \frac{dz}{w} \quad \cdots ③$$

　次に流跡線の微分方程式を導きます。流跡線は1個のトレーサ粒子が運動する軌跡です。3次元空間において流脈線が描かれています。時間tにおいて点B（座標：x、y、z）の位置に存在した粒子が、微小時間dtが経過したt＋dtにおいて下記で示される点B'（座標：x'、y'、z'）に移動します。x'、y'、z'はそれぞれ下記の式で表されます。各座標の増分は、それぞれの方向の流速（u、v、w）と経過時間（dt）の積で表されることに注目してください。

$$x' = x + dx = x + udt$$
$$y' = y + dy = y + vdt \quad \cdots ④$$
$$z' = z + dz = z + wdt$$

式④より下記の流跡線の微分方程式が導かれます。

$$dt = \frac{dx}{u} = \frac{dy}{v} = \frac{dz}{w} \quad \cdots ⑤$$

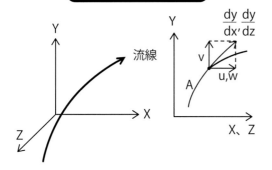
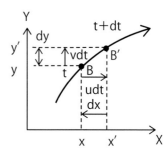

例題1 二次元の流れで、xおよびy方向の流速がu＝1、v＝1で表されるとき、流線を描いてください。各方向の流速は一定なので定常流です。

解答

流線の微分方程式（式③）に代入します。

$$\frac{dx}{1} = \frac{dy}{1}、\frac{dy}{dx} = 1$$

上の式を積分すると流線の式が得られます。

y＝x＋C（C：積分定数） ⇒ 流線の式

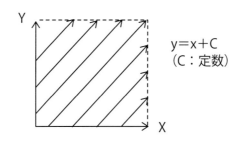

例題2 次は非定常流れについて考えてみましょう。二次元の流れで、xおよびy方向の流速がu＝1、v＝t（時間とともに変化）という関数形で表されるとき、流線、流跡線および流脈線を描いてください。それぞれの線図は時間とともに変化します。

解答

流線の微分方程式(式③)に代入します。

$$\frac{dx}{1} = \frac{dy}{t}、\frac{dy}{dx} = t$$

tを一定として上の式を積分すると流線の式が得られます。

y = tx + C (C：積分定数) ⇒ 流線の式

流線は一次関数で表されますが、時間tとともにその傾きが変化していきます。t＝0、t＝1、t＝2の場合の流線は下図のようになります。

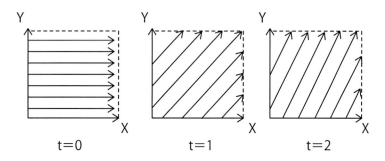

流跡線の微分方程式(式⑤)に代入します。

$$dt = \frac{dx}{1} = \frac{dy}{t}$$

上の式より下記の2つの式が得られます。

$$\frac{dx}{dt} = 1、\frac{dy}{dt} = t$$

この二つの式をtで積分します。

$x = t + C_1$ (C_1：積分定数)

$y = \frac{t^2}{2} + C_2$ (C_2：積分定数)

この2式からtを消去して流跡線の式が得られます。

$y = \frac{(x - C_1)^2}{2} + C_2$ ⇒ 流跡線の式

(C_1、C_2) を頂点とする二次関数の放物線で表されます。(C_1、C_2) は、t＝0で粒子が存在した点を表しています。

流跡線（t=0 に原点を通る粒子の軌跡）

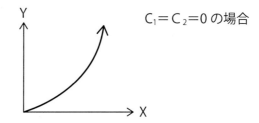

$C_1 = C_2 = 0$ の場合

最後に流脈線の式を求めます。ある点を通過したすべてのトレーサ粒子の位置をつないだ線が流脈線です。原点を通過した粒子について考えます。下記の流脈線の式に $x=0$、$y=0$ を代入します。

$x = t + C_1$ （C_1：積分定数） … (a)

$y = \dfrac{t^2}{2} + C_2$ （C_2：積分定数） … (b)

$C_1 = -t$、$C_2 = -\dfrac{t^2}{2}$

これを式 (a)、(b) に代入して $t = t_0$ における座標が下記の式になります。

$x = t_0 - t$、$y = \dfrac{t_0^2}{2} - \dfrac{t^2}{2}$

この2式から t を消去すると流脈線の式が得られます。

$y = \dfrac{t_0^2}{2} - \dfrac{(t_0 - x)^2}{2} = -\dfrac{x^2}{2} + t_0 x$ ⇒ 流脈線の式

流脈線は放物線となり時間 t_0 とともに変化します。

流脈線

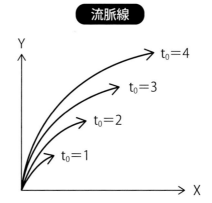

第4章　運動している流体を調べよう－基礎編

4-4 流体だって変形する

ポイント 1. 流体の変形パターンは？ 2. 伸縮変形速度とは？
3. せん断変形速度とは？ 4. 回転と渦度とは？

　運動している流体の中で微小要素の変形を考えてみましょう。次頁上左図の微小要素1は流れに乗って移動して微小要素2に形が変化しました。四角形だった要素はゆがんだ形になっています。複雑に見える流体の変形ですが、実は変形のパターンは3種類しかありません。これは固体の場合でも同様です。すなわち、「**伸縮変形（伸び・縮み）**」「**せん断変形（ずれ）**」「**回転**」の3パターンです。流体の変形は流速に密接に関係しています。X、Y、Z方向の流速をu、v、wとしてそれぞれの変形を数式で表してみます。

　伸縮変形の原因は、場所によって流速が異なることです。簡単に考えるために1次元流れ（x方向の流速：u）を考えます。A点とB点が1秒後にA'点、B'点に移動したとき、ABの長さとA'B'の長さが異なるのは、点Aと点Bの流速が異なるためです。A点での流速をuとしてABの距離をdxとすると速度差はx方向への速度こう配と距離の積 $\frac{\partial u}{\partial x}dx$ で表されます。この式は、1秒後のABとA'B'の長さの差になります。つまり、dxの長さが1秒間に $\frac{\partial u}{\partial x}$ 倍伸びることになります。これを「伸縮変形速度」と呼び、下記の式で表されます。

- 伸縮変形速度：X方向　$\frac{\partial u}{\partial x}$　　Y方向　$\frac{\partial v}{\partial y}$　　Z方向　$\frac{\partial w}{\partial z}$

　せん断変形では、要素が「ずれ」によって四角形から平行四辺形に形を変えていきます。これも場所によって流速が異なることに起因します。2次元流れにおいて点Aと点Bの流速が異なるためにずれのせん断変形が生じます。Y軸におけるX方向の速度uの変化量は $\frac{\partial u}{\partial y}dy$ と表されます。ABとA'B'のなす角度をaとすると、微小要素の場合ずれ量と円弧の長さを等しいとみなして、下記の式が成り立ちます。

$$\frac{\partial u}{\partial y}dy = a dy \quad \text{したがって} \quad a = \frac{\partial u}{\partial y}$$

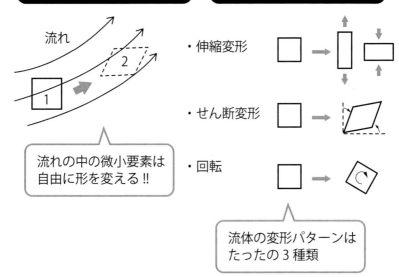

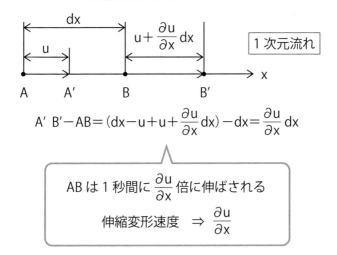

$$A'B' - AB = (dx - u + u + \frac{\partial u}{\partial x}dx) - dx = \frac{\partial u}{\partial x}dx$$

ABは1秒間に $\frac{\partial u}{\partial x}$ 倍に伸ばされる

伸縮変形速度 ⇒ $\frac{\partial u}{\partial x}$

せん断変形速度

2次元流れ

同じように、X軸におけるY方向の速度vの変化量は$\frac{\partial v}{\partial x}dx$と表され、ACとA'C'のなす角度を$\beta$について$\beta = \frac{\partial v}{\partial x}$と表されます。せん断変形速度はxy平面の直角が減少する角速度ですのでαとβの和で表されます。

- せん断変形速度：

    XY平面　$\frac{\partial v}{\partial x} + \frac{\partial u}{\partial y}$

    YZ平面　$\frac{\partial w}{\partial y} + \frac{\partial v}{\partial z}$

    XZ平面　$\frac{\partial w}{\partial x} + \frac{\partial u}{\partial z}$

　微小要素を回転させてみましょう。回転によって要素そのものは変形しませんが、全体像（見え方）は変わります。不思議に感じるかもしれませんが、「回転」も変形のひとつのパターンとみなされます。

　前節で説明したせん断変形において$\alpha = -\beta$とすると$\alpha + \beta = 0$となり、せん断変形は無いということになります。すなわち、微小要素がβの速度で回転運動を行っています。αを逆向きにした$\alpha' = -\frac{\partial u}{\partial y}$と$\beta = \frac{\partial v}{\partial x}$の和を「**渦度**」と呼びます。

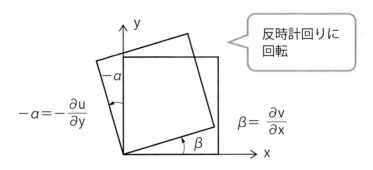

- 渦度：

  XY平面（Z軸周りの回転） $\dfrac{\partial v}{\partial x} - \dfrac{\partial u}{\partial y}$

  YZ平面（X軸周りの回転） $\dfrac{\partial w}{\partial y} - \dfrac{\partial v}{\partial z}$

  XZ平面（Y軸周りの回転） $\dfrac{\partial u}{\partial z} - \dfrac{\partial w}{\partial x}$

ここで、$a' = -a = \beta$ となりますので渦度は 2β、すなわち角速度の2倍の値を示します。次の例題で確かめてみましょう。

例題 XY平面で原点を中心に角速度ωで反時計回りに回転する渦流れにおける伸縮変形速度、せん断変形速度、渦度を求めなさい。

解答

回転運動は「極座標」を使うと簡単に表現することができます。極座標ではXY平面における座標を原点からの距離rとX軸からの回転角度θで表現します。すなわち、X座標とY座標がrとθの関数で表されます。一方で、伸縮変形速度、せん断変形速度、渦度の公式はXYZ座標で表現されています。まず、極座標からXY座標への座標変換がポイントとなります。次頁の図1、図2を見て考えてください。

図1　速度の座標変換

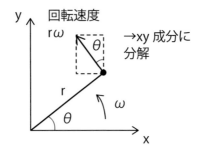

図2　位置の座標変換

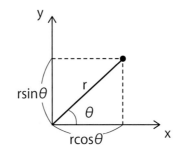

図1より、

X方向の速度　$u = -r\omega\sin\theta$　…（1）
Y方向の速度　$v = r\omega\cos\theta$　…（2）

ここで図2より、

$x = r\cos\theta$、$y = r\sin\theta$

これを式（1）と（2）に代入してX方向の速度uとY方向の速度vは下記の式で表すことができます。

X方向の速度　$u = -\omega y$
Y方向の速度　$v = \omega x$

この式を使って伸縮変形速度、せん断変形速度、渦度を求めます。

- 伸縮変形速度

  X方向　　$\dfrac{\partial u}{\partial x} = 0$

  Y方向　　$\dfrac{\partial v}{\partial y} = 0$

- せん断変形速度

  XY平面　　$\dfrac{\partial v}{\partial x} + \dfrac{\partial u}{\partial y} = \omega - \omega = 0$

- 渦度

  XY平面（Z軸周りの回転）　$\dfrac{\partial v}{\partial x} - \dfrac{\partial u}{\partial y} = \omega + \omega = 2\omega$

以上の計算結果から、回転運動では伸縮変形速度とせん断変形速度は0（ゼロ）となり、渦度は角速度の2倍になることがわかります。

4-5 流体運動では加速度の表現が独特だ

> **ポイント**
> 1. ラグランジュの方法とは？
> 2. オイラーの方法とは？　3. 実質微分とは？

　流体の運動を解析するためには運動方程式を立てて解く必要があります。運動方程式は皆さんが力学で学んだ式と同様に（質量）×（加速度）＝（力）で表されます。ここで注目しなければならないのは、加速度の表現方法です。質点・剛体の力学と流体力学では、対象物の運動をどのように捕らえるかという考え方が異なります。これは流体力学を学ぶうえで重要なポイントです。

　4-2節で流れを可視化するには、流体の中にトレーサと呼ばれる粒子を投入して、その運動を追っていくことが有効だと説明しました。**流体を細かい要素（粒子）に分割して、それぞれの粒子について運動を調べていく方法をラグランジュの方法**と呼びます。簡単な1次元流れで考えてみます。

　粒子のX座標は$x=f(t)$または$x=x(t)$と表されます。ここでfはfunction（関数）を表す記号であり、「X座標xは時刻tの関数で表される」ということを表現しています。この関数を時間で1回微分すると速度、2回微分すると加速度になります。流体では無数の粒子が存在するので、それぞれの粒子を区別する必要があります。そこで、最初に（t＝0のとき）粒子がいた位置を関数形の中に入れて粒子を区別します。例えば、t＝0のとき、x＝0にいた粒子、x＝1にいた粒子というように粒子に名前をつけていきます。このとき、個々の流体粒子の速度uは下記の式で表されます。

$$u = \lim_{\Delta t \to 0} \frac{x(t+\Delta t)-x(t)}{\Delta t}$$

ラグランジュの方法における速度u、加速度aは下記のように表現されます。

- ラグランジュの方法

　速度　$u = \dfrac{dx}{dt}$

　加速度　$a = \dfrac{d^2x}{dt^2}$

　ラグランジュの方法で流体の運動を解析するためには、無数の粒子について個別に運動方程式をつくって解いていかなければなりません。これは現実的に

不可能です。そこで発想を転換して、**場所を決めておいてそこを通った粒子の運動を調べる**というオイラーの方法を採用します。この場合、位置xと時刻tが独立変数となり、粒子のX方向の速度uはu（x, t）という形で表されます。加速度aは下記の式で表されます。

$$a = \frac{u(x+dx, t+dt) - u(x, t)}{dt} = \frac{u(x+dx, t+dt) - u(x+dx, t) + u(x+dx, t) - u(x, t)}{dt}$$

$$= \frac{u(x+dx, t+dt) - u(x+dx, t)}{dt} + \frac{u(x+dx, t) - u(x, t)}{dt}$$

ここで$u = \frac{dx}{dt}$より$\frac{1}{dt} = \frac{u}{dx}$となるので、上の式の第2項目に適用すると

$$a = \frac{u(x+dx, t+dt) - u(x+dx, t)}{dt} + u\frac{u(x+dx, t) - u(x, t)}{dx} = \frac{\partial u}{\partial t} + u\frac{\partial u}{\partial x}$$

上の式の第1項目はx+dxを一定としてtで偏微分すること、第2項目はtを一定としてxで偏微分することをそれぞれ表しています。第2項にはuが掛けられていることに注意してください。

- オイラーの方法で表現した加速度

1次元流れの場合　　$a = \frac{\partial u}{\partial t} + u\frac{\partial u}{\partial x} = \left(\frac{\partial}{\partial t} + u\frac{\partial}{\partial x}\right)u = \frac{Du}{Dt}$

ここで$\frac{D}{Dt}$という演算子は「実質微分」と呼ばれ、$\frac{\partial}{\partial t} + u\frac{\partial}{\partial x}$を表しています。

3次元流れの場合の実質微分は下記の式で表されます。ここでX方向の速度をu、Y方向の速度をv、Z方向の速度をwとします。

$$\frac{D}{Dt} = \frac{\partial}{\partial t} + u\frac{\partial}{\partial x} + v\frac{\partial}{\partial y} + w\frac{\partial}{\partial z}$$

例題 X方向の速度がu=txで表される1次元流れにおける加速度aを求めなさい。

解答

$$a = \frac{Du}{Dt} = \frac{\partial u}{\partial t} + u\frac{\partial u}{\partial x} = x + tx \times t = x(1+t^2)$$

第4章　運動している流体を調べよう−基礎編

第4章のまとめ

- ●流れの可視化
  - ・流線：各トレーサ粒子の速度ベクトルを滑らかにつないだ線

    流線の微分方程式 $\dfrac{dx}{u} = \dfrac{dy}{v} = \dfrac{dz}{w}$

  - ・流脈線：ある点を通過したすべてのトレーサ粒子の位置をつないだ線
  - ・流跡線：1個のトレーサ粒子が運動する軌跡

    流跡線の微分方程式 $dt = \dfrac{dx}{u} = \dfrac{dy}{v} = \dfrac{dz}{w}$

  - ・時間的に変化しない定常流れでは、流線、流脈線、流跡線はすべて一致

- ●流体の変形速度
  - ・伸縮変形速度：X方向 $\dfrac{\partial u}{\partial x}$　Y方向 $\dfrac{\partial v}{\partial y}$　Z方向 $\dfrac{\partial w}{\partial z}$
  - ・せん断変形速度：

    XY平面 $\dfrac{\partial v}{\partial x} + \dfrac{\partial u}{\partial y}$　YZ平面 $\dfrac{\partial w}{\partial y} + \dfrac{\partial v}{\partial z}$　XZ平面 $\dfrac{\partial w}{\partial x} + \dfrac{\partial u}{\partial z}$

  - ・渦度：

    XY平面（Z軸周りの回転） $\dfrac{\partial v}{\partial x} - \dfrac{\partial u}{\partial y}$

    YZ平面（X軸周りの回転） $\dfrac{\partial w}{\partial y} - \dfrac{\partial v}{\partial z}$

    XZ平面（Y軸周りの回転） $\dfrac{\partial u}{\partial z} - \dfrac{\partial w}{\partial x}$

- ●加速度の表現方法
  - ・ラグランジュの方法：それぞれの流体粒子について運動を調査
  - ・オイラーの方法：場所を決めておいてそこを通った粒子の運動を調査
  - ・実質微分

    $\dfrac{D}{Dt} = \dfrac{\partial}{\partial t} + u\dfrac{\partial}{\partial x} + v\dfrac{\partial}{\partial y} + w\dfrac{\partial}{\partial z}$

運動している流体を調べよう
―理想流体の運動方程式編

5-1 流体でも質量保存則は大事（連続の式）

ポイント
1. 流体の運動解析における未知数は？
2. 流体の運動方程式とは？
3. 連続の式とは？

　本章から本格的に流体の運動解析を行います。その前に第1章で述べた流体力学の全体像を復習しておきましょう。本書で扱う非圧縮性流体では密度は変化しないので、求めなければならない未知数は「X方向の流速u」「Y方向の流速v」「Z方向の流速w」「圧力P」の4個となります。したがって、X方向、Y方向、Z方向の運動方程式3個と連続の式1個の合計4個の方程式を連立させて解きます。**本章で扱う理想流体とは粘性も圧縮性も無い流体です。** つまり、流体に働く力は「体積力」と「面積力」になります。

　連続の式とは質量保存則を表しています。流体は位置や形を変えながら運動していきますが、質量は変化しません。 前章で述べたオイラーの方法を思い出してください。空間にある領域を設定してこの中を通る流体の運動について考えてみましょう。次頁の図に示すように、各辺の長さがdx、dy、dzである直方体の領域の左面Aから流体が入り、右面Bから出て行きます。流体の密度をρ、X方向の流速をuとすると、流入量Mxと流出量Mx'は次の式で表されます。

$Mx = \rho u dy dz$ …①

$Mx' = Mx + \dfrac{\partial Mx}{\partial x} dx$ …②

　領域における質量の変化ΔMxはMx（入った量）－Mx'（出た量）であるので下記の式が成り立ちます。

$\Delta Mx = Mx - Mx' = -\dfrac{\partial Mx}{\partial x} dx = -\dfrac{\partial (\rho u)}{\partial x} dx dy dz$ …③

　同様に、Y方向の質量変化ΔMy、Z方向の質量変化ΔMzは下記のように表されます。

$\Delta My = My - My' = -\dfrac{\partial My}{\partial y} dy = -\dfrac{\partial (\rho v)}{\partial y} dx dy dz$ …④

$\Delta Mz = Mz - Mz' = -\dfrac{\partial Mz}{\partial z} dz = -\dfrac{\partial (\rho w)}{\partial z} dx dy dz$ …⑤

この領域の質量の時間的な変化は、領域の質量をMとすると$\frac{\partial M}{\partial t}$で表されます。したがって式③④⑤を使って下記の式が成り立ちます。

$$\frac{\partial M}{\partial t} = \Delta Mx + \Delta My + \Delta Mz$$

$$= -\frac{\partial(\rho u)}{\partial x}dxdydz - \frac{\partial(\rho v)}{\partial y}dxdydz - \frac{\partial(\rho w)}{\partial z}dxdydz \quad \cdots ⑥$$

ここでM = ρdxdydzより式⑥を変形すると連続の式を得ることができます。

$$\frac{\partial \rho}{\partial t}dxdydz = -\frac{\partial(\rho u)}{\partial x}dxdydz - \frac{\partial(\rho v)}{\partial y}dxdydz - \frac{\partial(\rho w)}{\partial z}dxdydz$$

左項を右項に移動して両辺をdxdydzで割ります。

$$\frac{\partial \rho}{\partial t} + \frac{\partial(\rho u)}{\partial x} + \frac{\partial(\rho v)}{\partial y} + \frac{\partial(\rho w)}{\partial z} = 0 \quad （圧縮性流体の連続の式）$$

非圧縮性流体では密度ρは変化しないので$\frac{\partial \rho}{\partial t}=0$となり両辺をρで割ります。

$$\frac{\partial u}{\partial x} + \frac{\partial v}{\partial y} + \frac{\partial w}{\partial z} = 0 \quad （非圧縮性流体の連続の式）$$

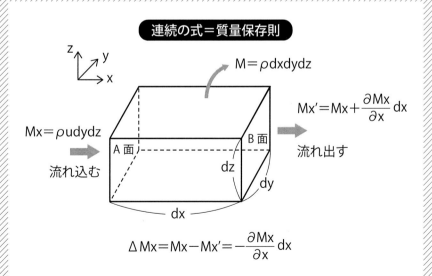

5-2 理想流体に働く体積力と面積力

ポイント
1. 理想流体に働く力は？　2. 体積力とは？
3. 面積力とは？

理想流体に働く力は体積力と面積力（圧力）です。この2つの力を数式で表現してみましょう。

体積力は、流体の質量そのものに作用する力なので重力を表しています。その他に、電荷を持つ物体にはクーロン力、ローレンツ力が働きます。重力に関しては、質量mの流体に鉛直下向きにmgが作用します。つまり、Z軸方向に単位質量あたり－gの力が働きます。体積力Fはベクトル量なので成分で表示するとF(0, 0, －g)となります。体積力を一般化した式で表すと、単位質量あたりF(X, Y, Z)、単位体積あたりρF(ρX, ρY, ρZ)と表現することができます。各辺の長さがdx、dy、dzである直方体に働く体積力は下式で表されます。

- 体積力

    X方向　ρXdxdydz

    Y方向　ρYdxdydz

    Z方向　ρZdxdydz

面積力は面に垂直に作用する圧力を表しています。前節と同様に流体の中で各辺の長さがdx、dy、dzである直方体の領域を設定して圧力について考えてみましょう。

領域の左面Aに圧力Pが右向きに作用しています、右面Bには圧力（P＋$\frac{\partial P}{\partial x}$dx）が左向きに作用しています。圧力は単位面積あたりに作用する力なので、圧力によってX軸方向に働く力は面AおよびBの面積であるdydzを掛けて$-\frac{\partial P}{\partial x}$dxdydzとなります。Y方向、Z方向の圧力についても同様の計算を行うと、面積力は下記の式で表されます。

- 面積力

    X方向　$-\frac{\partial P}{\partial x}$dxdydz

Y方向　$-\dfrac{\partial P}{\partial y}dxdydz$

Z方向　$-\dfrac{\partial P}{\partial z}dxdydz$

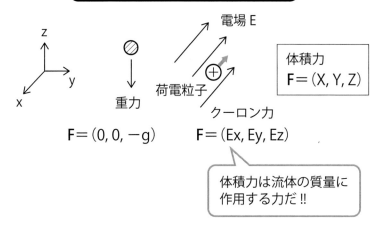

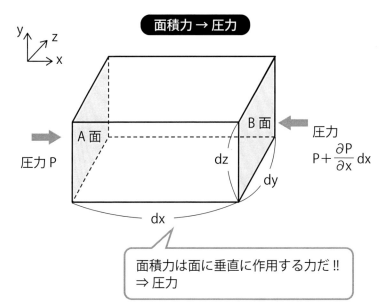

5-3 理想流体の運動方程式を立ててみよう（オイラーの運動方程式）

ポイント
1. 流体の質量、加速度は？　2. 流体に働く力は？
3. オイラーの運動方程式とは？

流体力学における運動方程式の立て方は力学の場合とまったく同じです。**理想流体の運動方程式をオイラーの運動方程式と呼びます**。力学における運動方程式は下記の通りです。

　　流体の質量m×流体の加速度a＝流体が受ける力F

それぞれについて数式で表現していきましょう。まず、流体の中で各辺の長さがdx、dy、dzである直方体に注目します。

- 流体の質量m（流体に密度をρとする）
  m＝ρdxdydz
- 流体の加速度：流体力学において独自の表現であることを思い出してください。ラグランジュの方法で加速度を表現します（4-6節参照）。

X方向　$a_x = \dfrac{Du}{Dt} = \dfrac{\partial u}{\partial t} + u\dfrac{\partial u}{\partial x} + v\dfrac{\partial u}{\partial y} + w\dfrac{\partial u}{\partial z}$

Y方向　$a_y = \dfrac{Dv}{Dt} = \dfrac{\partial v}{\partial t} + u\dfrac{\partial v}{\partial x} + v\dfrac{\partial v}{\partial y} + w\dfrac{\partial v}{\partial z}$

Z方向　$a_z = \dfrac{Dw}{Dt} = \dfrac{\partial w}{\partial t} + u\dfrac{\partial w}{\partial x} + v\dfrac{\partial w}{\partial y} + w\dfrac{\partial w}{\partial z}$

- 流体に働く力：完全流体に作用する力は体積力と面積力（圧力）の和です。

X方向　$\rho X dxdydz - \dfrac{\partial P}{\partial x}dxdydz$

Y方向　$\rho Y dxdydz - \dfrac{\partial P}{\partial y}dxdydz$

Z方向　$\rho Z dxdydz - \dfrac{\partial P}{\partial z}dxdydz$

以上の数式を運動方程式に代入して両辺を直方体の質量ρdxdydzで割るとオイラーの運動方程式になります。

- オイラーの運動方程式

X方向　$\dfrac{Du}{Dt} = X - \dfrac{1}{\rho}\dfrac{\partial P}{\partial x}$

Y方向　$\dfrac{Dv}{Dt} = Y - \dfrac{1}{\rho}\dfrac{\partial P}{\partial y}$

Z方向　$\dfrac{Dw}{Dt} = Z - \dfrac{1}{\rho}\dfrac{\partial P}{\partial z}$

非常にすっきりした形になりました。ただし、左辺の加速度は実質微分の形式で表現していることに注意してください。実際に方程式を解くときは前ページに示した加速度の表現に直して考えます。

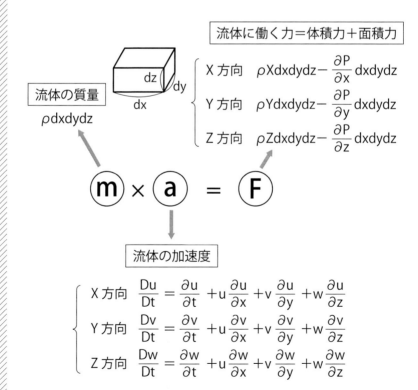

5-4 オイラーの運動方程式を解いてみよう(例題)

例題1 オイラーの運動方程式を解いて、静止流体中のX、Y、Zの各方向の圧力分布を求めなさい。なお、この流体にはZ方向に重力が作用しています。

解答1

まず、連続の式とオイラーの運動方程式を書き出します。

- 連続の式

$$\frac{\partial u}{\partial x} + \frac{\partial v}{\partial y} + \frac{\partial w}{\partial z} = 0$$

- オイラーの運動方程式

X方向 $\dfrac{Du}{Dt} = \dfrac{\partial u}{\partial t} + u\dfrac{\partial u}{\partial x} + v\dfrac{\partial u}{\partial y} + w\dfrac{\partial u}{\partial z} = X - \dfrac{1}{\rho}\dfrac{\partial P}{\partial x}$

Y方向 $\dfrac{Dv}{Dt} = \dfrac{\partial v}{\partial t} + u\dfrac{\partial v}{\partial x} + v\dfrac{\partial v}{\partial y} + w\dfrac{\partial v}{\partial z} = Y - \dfrac{1}{\rho}\dfrac{\partial P}{\partial y}$

Z方向 $\dfrac{Dw}{Dt} = \dfrac{\partial w}{\partial t} + u\dfrac{\partial w}{\partial x} + v\dfrac{\partial w}{\partial y} + w\dfrac{\partial w}{\partial z} = Z - \dfrac{1}{\rho}\dfrac{\partial P}{\partial z}$

ここで静止流体であることから $u = v = w = 0$ を代入します。また、重力のみ作用しているので $X = Y = 0$、$Z = -g$ を代入します。連続の式は両辺とも0になります。オイラーの運動方程式は下記の3式に変形できます。

X方向 $0 = -\dfrac{1}{\rho}\dfrac{\partial P}{\partial x}$ …①

Y方向 $0 = -\dfrac{1}{\rho}\dfrac{\partial P}{\partial y}$ …②

Z方向 $0 = -g - \dfrac{1}{\rho}\dfrac{\partial P}{\partial z}$ …③

式①、②より、圧力PはX方向およびY方向に変化しないことがわかります。すなわち、圧力はX方向、Y方向のどの場所でも一定値を示します。式①、②、③よりPはzのみの関数であることがわかります。式③よりPを求め

ます。

$$-\frac{1}{\rho}\frac{dP}{dz} = g$$

$$\frac{dP}{dz} = -\rho g$$

$$dP = -\rho g dz$$

両辺を積分して

$$\int_P^{p'} dp = \int_h^{h'} -\rho g dz$$

$$P' - P = -\rho g (h' - h) \quad \cdots ④$$

式④において左辺のP'−Pは圧力差、右辺のh'−hはZ方向の高低差を示しています。つまり、静止流体中でhからh'まで高い位置に移動すると圧力が$\rho g(h'-h)$だけ下がります。逆に低い位置に移動すると圧力は上がります。

例題2 エレベータに乗って、地上から50mの高さまで昇ったときの気圧の変化を求めてください。また、水中を50mの深さまで潜ったときの水圧を求めてください。両者を比較してみましょう。重力加速度を9.8（m/s^2）、空気の密度を1.2（kg/m^3）、水の密度を1000（kg/m^3）として計算してください。

解答2
式④に代入してそれぞれの圧力変化を求めてください。

- エレベータで50mの高さまで上ったときの気圧変化P'−P
  P'−P = −1.2×9.8×(50−0) = −588（Pa）= −0.588（kPa） ⇒ 圧力低下
  この圧力低下によって人間の耳の中の鼓膜が外側に向かって押されます。エレベータに乗って高層階まで上った時の耳の違和感はこの気圧変化に起因します。

- 水中を50mの深さまで潜ったときの水圧変化P'−P
  P'−P = −1000×9.8×(0−50) = 490000（Pa）= 490（kPa） ⇒ 圧力上昇
  同じ高さでも気圧の変化に比べて非常に大きいことがわかります。水中を50mまで潜ると水圧が約5気圧まで上昇します。

第5章のまとめ

- 流体の中に各辺の長さが dx、dy、dz である直方体の領域を想定して考える
  - 流体の密度は ρ
  - X方向の流速は u, Y方向の流速は v, Z方向の流速は w
- 連続の式＝質量保存則

$$\frac{\partial u}{\partial x}+\frac{\partial v}{\partial y}+\frac{\partial w}{\partial z}=0 \quad (非圧縮性流体の場合)$$

- 理想流体に働く力　⇒　体積力と面積力（圧力）
  - 体積力
    - X方向　$\rho X dxdydz$
    - Y方向　$\rho Y dxdydz$
    - Z方向　$\rho Z dxdydz$

  - 面積力
    - X方向　$-\dfrac{\partial P}{\partial x}dxdydz$
    - Y方向　$-\dfrac{\partial P}{\partial y}dxdydz$
    - Z方向　$-\dfrac{\partial P}{\partial z}dxdydz$

- 理想流体の運動方程式（オイラーの運動方程式）

X方向　$\dfrac{Du}{Dt}=\dfrac{\partial u}{\partial t}+u\dfrac{\partial u}{\partial x}+v\dfrac{\partial u}{\partial y}+w\dfrac{\partial u}{\partial z}=X-\dfrac{1}{\rho}\dfrac{\partial P}{\partial x}$

Y方向　$\dfrac{Dv}{Dt}=\dfrac{\partial v}{\partial t}+u\dfrac{\partial v}{\partial x}+v\dfrac{\partial v}{\partial y}+w\dfrac{\partial v}{\partial z}=Y-\dfrac{1}{\rho}\dfrac{\partial P}{\partial y}$

Z方向　$\dfrac{Dw}{Dt}=\dfrac{\partial w}{\partial t}+u\dfrac{\partial w}{\partial x}+v\dfrac{\partial w}{\partial y}+w\dfrac{\partial w}{\partial z}=Z-\dfrac{1}{\rho}\dfrac{\partial P}{\partial z}$

第6章

ベルヌーイの式を活用して流速や圧力を求めよう

6-1 保存則を活用してより簡単に流速や圧力を計算しよう

> **ポイント**
> 1. 流体力学における保存則とは？
> 2. 1次元流れとは？　3. 管内の流速の求め方は？

　前章では、理想流体における運動方程式（オイラーの運動方程式）の立て方と解き方について解説しました。運動方程式を解けば各方向の流速や圧力について知ることができます。一方で、力学と同様に流体力学にも保存則が存在します。**保存則は運動方程式から導かれるので、流体の運動解析において、保存則を使って流速や圧力を求めることができます**。本章では流体力学における3つの保存則、すなわち「質量保存則」「エネルギー保存則（ベルヌーイの定理）」そして「運動量保存則」について解説します。この便利な保存則を使って、様々な実例における流速や圧力を計算してみましょう。

　流体が自由空間を運動する例として、例えば消防の放水やスプリンクラーによる散水などが挙げられます。しかし、実際の工学的事例では流体は閉空間を運動している場合がほとんどです。特に、配管内（パイプ）の流れのように運動する流体が壁によって囲まれている場合、流路の断面積が変われば流速や圧力も変わりますし、配管が曲がっている場合は流体の運動によって配管の壁が力を受ける場合もあります。本章では主に管内の流れについて検討します。**管内では流体が一方向に運動することから「1次元流れ」と呼ばれます**。

例題　直径が$D_1=200$mmから$D_2=50$mmまで減少している配管が水平に置かれており、中を密度ρの流体が流れている。直径が大きい方（上流）の流速が$v_1=1$m/sであるとき、直径が小さい方（下流）の流速v_2を求めてください（図1）。

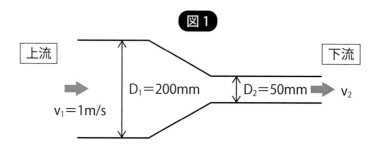

図1

解答 ここで配管への流入質量について考えてみます。図2のように密度ρの流体が配管の中を流速uで流れています。断面Aを通過した流体は単位時間（1秒）で断面Bに達します。つまり、A面からの流量（単位時間あたりに流れる流体の体積）は断面積Sに流速uを掛けた部分の体積を表しています。この体積に密度ρを掛けると流入した流体の質量Mになります。

（流入質量）＝（流体の密度）×（流体が単位時間あたりに流れ込む体積）
　　M　　＝　　ρ　　×　　　　　（S×u）

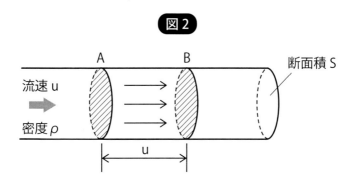

図2

連続の式（質量保存則） を使って問題を解きます。管内の流れにおける質量保存則とは、上流側（太い部分）から流れ込む水の質量と下流（細い部分）から流れ出る質量が等しいことを表しています。

（上流側からの流入質量）＝（下流側からの流出質量）

$$\rho \times \frac{\pi}{4}(D_1)^2 \times v_1 = \rho \times \frac{\pi}{4}(D_2)^2 \times v_2$$

$$v_2 = \frac{(D_1)^2}{(D_2)^2} v_1 = \frac{(200 \times 10^{-3})^2}{(50 \times 10^{-3})^2} \times 1 = 16 \text{m/s}$$

配管内の流れにおいて連続の式（質量保存則）から断面積が小さくなると流速が大きくなります。逆に流路の断面積が大きくなると流速は小さくなります。このことは、川における水の流れにおいて、幅の狭い上流では流速が大きく、海に近い下流では川幅が大きいため流速が小さくなることからも理解できます。

6-2 ベルヌーイの定理はエネルギー保存則だ

ポイント
1. 流体が持つエネルギーとは？ 2. ベルヌーイの定理とは？ 3. ベルヌーイの定理が成り立つ条件とは？

　流体力学におけるエネルギー保存則について考えてみましょう。断面積Sの管路を質量mの流体が一定速度vで流れています（1次元流れ）。この流体が持っている全エネルギーは下記の3種類です。

- 運動エネルギー　　$\frac{1}{2}mv^2$
- 位置エネルギー　　mgh
- 圧力が行う仕事　　PSv（仕事＝力×距離）

　これらの3つのエネルギーの和は一定値となります。これを「ベルヌーイの定理」と呼びます。流体力学の場合は3番目の「圧力が行う仕事」も考慮することに注意してください。ここで流体の質量mは流体の密度をρとすると下記の式で表されます。

　$m = \rho Sv$　…①

式①をそれぞれのエネルギーの式に代入して整理します。

- エネルギー保存則

　（運動エネルギー）＋（圧力が行う仕事）＋（位置エネルギー）＝一定

　$\frac{1}{2}mv^2$　＋　PSv　＋　mgh　＝一定

　$\frac{1}{2}\rho Sv^3$　＋　PSv　＋　$\rho Svgh$　＝一定

　両辺をSvで割って得られた式を「ベルヌーイの式」と呼びます。

- 流体力学におけるエネルギー保存則（ベルヌーイの式）

　$\frac{1}{2}\rho v^2 + P + \rho gh = $一定

　ベルヌーイの定理が成り立つ条件は下記の3つです。よく覚えておいてくだ

さい。
- ベルヌーイの定理が成り立つ条件
  (1) 時間的に変わらない流れ（定常流れ）　⇒　流速は一定
  (2) 非粘性、非圧縮性流体　⇒　完全流体
  (3) 流線に沿った流れ　⇒　管内の流れは流線に沿う

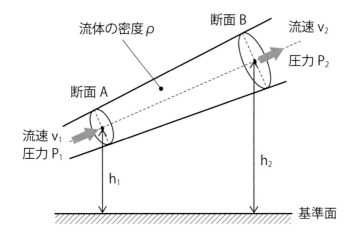

エネルギー保存則

ベルヌーイの式

$$\frac{1}{2}\rho v_1^2 + P_1 + \rho g h_1 = \frac{1}{2}\rho v_2^2 + P_2 + \rho g h_2$$

断面 A を通過する　　　断面 B を通過する
流体のエネルギー　　　流体のエネルギー

6-3 ベルヌーイの式はオイラーの運動方程式から導かれる

ポイント 1. 力学におけるエネルギー保存則とは？ 2. エネルギー保存則の導き方は？ 3. ベルヌーイの式の導き方は？

エネルギー保存則は運動方程式から導かれます。まず、力学を復習してみましょう。力学におけるエネルギー保存則が運動方程式から導かれることを証明します。図1のように重力場における鉛直方向にZ座標（上向き正）を設定します。質量mの物体に働く力は$-mg$ですのでZ方向の速度をvとすると運動方程式は以下のように表されます。

図1 重力下にある物体に関する運動方程式

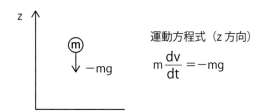

$$m\frac{dv}{dt} = -mg \quad \cdots ①$$

ここで $\dfrac{dv}{dt} = \dfrac{dv}{dz} \times \dfrac{dz}{dt} = \dfrac{dv}{dz} \times v \quad \cdots ②$

式②を式①に代入します。

$$mv\frac{dv}{dz} = -mg \quad \cdots ③$$

式③の両辺をzで積分します。

$$\int mv\frac{dv}{dz}dz = \int -mgdz$$

$$\int mvdv = \int -mgdz$$

$$\frac{1}{2}mv^2 + mgz = C\,（積分定数：一定値） \Rightarrow\ エネルギー保存則$$

（運動エネルギー）＋（位置エネルギー）＝一定

流体力学におけるベルヌーイの式（エネルギー保存則）はオイラーの運動方程式から導かれます。**図2**のように体積力として重力が作用している流体が管内をZ方向（鉛直方向）に流れています。X方向およびY方向の流速は0ですので、この流体に関するオイラーの運動方程式はZ方向への流速をwとして下記のようになります。

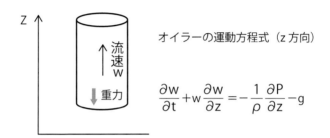

図2　重力下にある鉛直方向の流れに関する運動方程式

オイラーの運動方程式（z方向）

$$\frac{\partial w}{\partial t} + w\frac{\partial w}{\partial z} = -\frac{1}{\rho}\frac{\partial P}{\partial z} - g$$

$$\frac{\partial w}{\partial t} + w\frac{\partial w}{\partial z} = -\frac{1}{\rho}\frac{\partial P}{\partial z} - g$$

定常流れという条件から　$\frac{\partial w}{\partial t} = 0$　となります。

wとPはzだけの関数なので$\frac{\partial w}{\partial z} = \frac{dw}{dz}$、$\frac{\partial P}{\partial z} = \frac{dP}{dz}$　と書き換えます。そして両辺にρを掛けます。

$$\rho w\frac{dw}{dz} = -\frac{dP}{dz} - \rho g \quad \cdots ④$$

式④の両辺をzで積分します。

$$\int \rho w\frac{dw}{dz}dz = \int -\frac{dP}{dz}dz + \int -\rho g dz$$

$$\frac{1}{2}\rho w^2 + P + \rho g z = C（積分定数：一定値）\Rightarrow \text{ベルヌーイの式}$$

（運動エネルギー）＋（圧力が行う仕事）＋（位置エネルギー）＝一定

ベルヌーイの式を使うと、**オイラーの運動方程式（偏微分方程式）を解かなくても簡単に流体の運動解析を行うことができます**。ただし、前節で示したベルヌーイの定理が成り立つ条件に注意してください。

6-4 ベルヌーイの式を活用しよう（例題）

例題1 図1に示すように、体積力としてZ方向（鉛直方向）に重力が作用している流体が管内をX方向に流れています。オイラーの運動方程式からベルヌーイの式を導いてください。

図1 重力下にあるX方向の流れに関する運動方程式

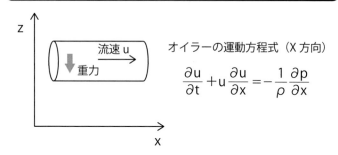

オイラーの運動方程式（X方向）

$$\frac{\partial u}{\partial t} + u\frac{\partial u}{\partial x} = -\frac{1}{\rho}\frac{\partial p}{\partial x}$$

解答 X方向に関するオイラーの運動方程式はX方向への流速をuとして下記のようになります。

$$\frac{\partial u}{\partial t} + u\frac{\partial u}{\partial x} = -\frac{1}{\rho}\frac{\partial P}{\partial x} \quad \cdots ①$$

式①の右辺には重力の項が無いことに注意してください。

定常流れという条件から $\frac{\partial u}{\partial t} = 0$ となります。

uとPはxだけの関数なので $\frac{\partial u}{\partial x} = \frac{du}{dx}$、$\frac{\partial P}{\partial x} = \frac{dP}{dx}$ と書き換えます。

そして両辺にρを掛けます。

$$\rho u\frac{du}{dx} = -\frac{dP}{dx} \quad \cdots ②$$

式②の両辺をxで積分します。

$$\int \rho u \frac{du}{dx} dx = \int -\frac{dP}{dx} dx$$

$$\frac{1}{2}\rho u^2 + P = C \quad (積分定数：一定値) \quad \cdots ③$$

　X方向への流体の流れにおいてZ方向の座標は変わりませんので位置エネルギーも変化しません。したがって、この場合のベルヌーイの式は③式のように(運動エネルギー)＋(圧力が行う仕事)＝一定と表されます。

例題2 図2に示すように、直径が$D_1＝100mm$から$D_2＝300mm$に拡がる配管が水平に置かれており、中を水（密度$\rho＝1000kg/m^3$）が流れています。直径が小さい方（上流）の流速が$v_1＝9m/s$、圧力がP_1、直径が大きい方（下流）の流速をv_2、圧力をP_2とするとき、P_1とP_2の圧力差を求めてください。

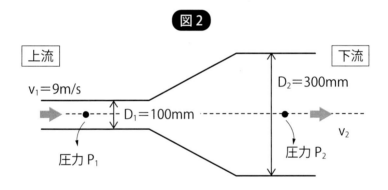

図2

解答 まず、連続の式（質量保存則）を用いて直径が大きい方（下流）の流速v_2を求めてから、ベルヌーイの式（エネルギー保存則）で圧力差を求めます。

・連続の式（質量保存則）
　（上流側からの流入質量）＝（下流側からの流出質量）

$$\rho \times \frac{\pi}{4}(D_1)^2 \times v_1 = \rho \times \frac{\pi}{4}(D_2)^2 \times v_2$$

$$v_2 = \frac{(D_1)^2}{(D_2)^2} v_1 = \frac{(100 \times 10^{-3})^2}{(300 \times 10^{-3})^2} \times 9 = 1 m/s$$

第6章　ベルヌーイの式を活用して流速や圧力を求めよう

- ベルヌーイの式(エネルギー保存則)

$$\frac{1}{2}\rho u^2 + P = 一定$$

$$\frac{1}{2} \times 1000 \times 9^2 + p_1 = \frac{1}{2} \times 1000 \times 1^2 + p_2$$

$$p_2 - p_1 = \frac{1}{2} \times 1000 \times (9^2 - 1^2) = 40 \times 10^3 \text{ Pa} = 40\text{kPa}$$

例題3 フォーミュラーカーの車高はなぜ低いのでしょうか。

解答 フォーミュラーカーが走るときの車体周りの空気の流れについて考えてください。車高が低いと車の底と地面の間隔が狭くなります。空気は車の前方では広い空間を流れていますが、車の底面の狭い領域に流れ込んだときには、連続の式から流速が大きくなります。

次に、式③のベルヌーイの式から運動エネルギーと圧力が行う仕事の和は一定なので、流速が大きくなると圧力は小さくなります。圧力が小さくなる(負圧になる)とフォーミュラーカーの底部は地面に引き寄せられます。つまり、タイヤの接地が良くなり、通常よりもグリップの効いた運転が可能となります。レースの世界では、流体力学が最大限に活用されています。

図3

(学生が製作したフォーミュラーカー:車高が低いことに注目)

例題 4 図4に示すように、断面積が一定の配管の中を水（密度ρ＝1000kg/m³）が流れています。上流側の流速をv_1＝10m/s、圧力をP_1＝100kPaとするとき、下流側の流速v_2および圧力P_2を求めなさい。

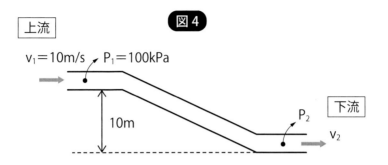
図4

解答

- 連続の式（質量保存則）

  配管の断面積は一定なので流速は変化しません。

  したがって、$v_1 = v_2 = 10$m/s

- ベルヌーイの式（エネルギー保存則）

  配管の中の水は10mの高さを下って流れています。流体が流れている高さが変化しているので位置エネルギーを考えることを忘れないでください。基準面を下流側として考えます。

$$\frac{1}{2}\rho w^2 + P + \rho gz = 一定$$

$$\frac{1}{2} \times 1000 \times 10^2 + 100 \times 1000 + 1000 \times 9.8 \times 10 = \frac{1}{2} \times 1000 \times 10^2 + P_2$$

流速は変わらないので運動エネルギーの項は消えます。

$P_2 = 1000 \times (100 + 9.8 \times 10) = 198$kPa

流速が変化しない場合は、低いところに流れた場合、圧力は高くなります。逆に、低いところから高いところに流体を流すと圧力が低くなります。マン

ションの高層階で水圧を確保するためには、高い水圧で送水する必要があることがわかります。

例題5 図5に示すように、大気中においてh_1からh_2まで高度を上げた場合の気圧の変化P_2-P_1について求めてください。空気の密度をρとします。

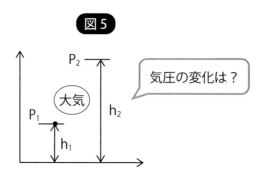

図5

解答 空気の流れは無く、静止流体として考えてください。

- ベルヌーイの式（エネルギー保存則）

$$\frac{1}{2}\rho w^2 + P + \rho g z = 一定$$

ここで、流速$w=0$なので下記の式になります。

$P_1 + \rho g h_1 = P_2 + \rho g h_2$
$P_2 - P_1 = \rho g (h_1 - h_2) = -\rho g (h_2 - h_1)$

したがって、高いところへ移動すると気圧は下がります。5-4の例題1を見直してください。オイラーの運動方程式を解いた場合と同様の解答を得ることができます。

例題6 図6に示すように、大きなタンクに水が入っています。タンクの下方の壁に小さな穴をあけて水を流出させます。そのときの流速vを求めなさい。ただし、穴の位置から水面までの高さを$h=1.5m$とします。

図6

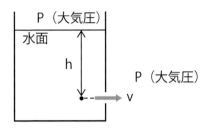

解答 大気圧をPとしてベルヌーイの式を使って解きます。ポイントは、水面と穴からの出口でエネルギーが保存されることです。また、タンクの水面はほぼ停止している（流速0）として考えます。位置エネルギーは穴の位置を基準面として計算します。

- ベルヌーイの式（エネルギー保存則）

$$\frac{1}{2}\rho w^2 + P + \rho g z = 一定$$

（水面での流体の全エネルギー）＝（穴からの出口での流体の全エネルギー）

$$P + \rho g h = \frac{1}{2}\rho v^2 + P$$

$$\frac{1}{2}\rho v^2 = \rho g h$$

$$v = \sqrt{2gh} = \sqrt{2 \times 9.8 \times 1.5} = 5.4 \text{m/s}$$

6-5 運動量保存則を使って流体から受ける力を計算しよう

ポイント
1. 運動量保存則とは？ 2. 運動量保存則の導き方は？
3. 噴流が板に当たったとき受ける力は？

ホースの先から水を噴出して板に当てることを考えてみましょう。板は水によって力を受けます。板をしっかり固定しておかないと水の流れに負けて動いてしまいます。なぜ、このような力が発生するのでしょうか。

力学における運動量保存則を思い出してください。エネルギー保存則の場合と同様に、運動量保存則も運動方程式から導出されます。質量mの物体に関する運動方程式は速度v、受ける力をFとして下記の式で表されます。

$$m\frac{dv}{dt} = F \quad \cdots ①$$

式①を変形します。

$$mdv = Fdt \quad \cdots ②$$

運動量は（質量）×（速度）で表されるので、式②の左辺は運動量の変化を表しています。右辺は「力積」と呼ばれています。**単位時間（1秒）あたりの力積は力を表します。つまり、（単位時間あたりの運動量の変化）＝（物体が受ける力）**となります。これを「**運動量保存則**」と呼びます。

運動量保存則

$$mdv = Fdt$$
$$m(v_2 - v_1) = F\Delta t$$
（運動量の変化）＝（力積）

流体は質量を持った物体なので運動量保存則が成り立ちます。水の噴流が板に当たると水の流れの方向、すなわち水の流速が変化します。この運動量の変化によって、水は板から力を受けます。

例題 断面積Sのノズルから密度ρの水を流速vで噴出させます。図1に示すようにこの噴流が板に当たったとき、板が受ける力を求めなさい。

解答 噴流の方向にX軸、鉛直方向にY軸を設定します。板に当たった水は流れの方向を90度変えて鉛直方向（Y方向）に分流します。分流後はX方向の速度は0になるので運動量は0になります。このときに板から受ける力Fは、単位時間あたりの水の運動量の変化で表されます。流入質量は、（流体の密度）×（流体が単位時間あたりに流れ込む体積）で表されます。

　（水が受ける力）＝（X方向における単位時間あたりの運動量の変化）

　$F = 0 - \rho S v \times v = -\rho S v^2$

マイナスの意味は、水が板から受ける力は左方向であることを示しています。作用反作用の法則より、板が水から受ける力は右方向で$\rho S v^2$となります。

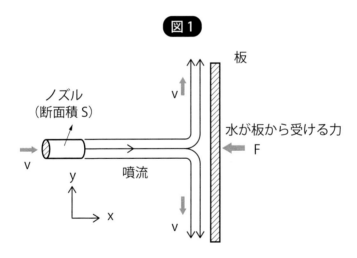

図1

分流後はx方向の速度が0になる

6-6 運動量保存則を活用しよう（例題）

例題1 図1に示すように、断面積Sのノズルから出た水（密度ρ）の噴流が板面に対して斜めに当たっています。噴流に対する板面の角度をθとするとき、板が受ける力Fを求めなさい。

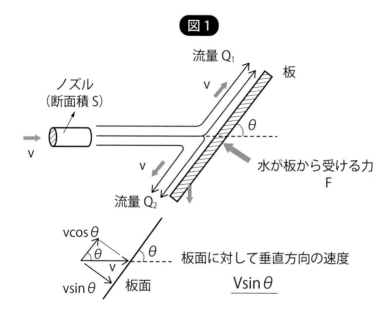

図1

解答 水が板から受ける力は板面に対して垂直方向であることに注意してください。水の流速を板面に対して垂直方向と鉛直方向に分解して考えます。垂直方向の速度は$v\sinθ$で表されるので運動量保存則を用いると下記の式が成り立ちます。

（水が受ける力）=
（板面に対して垂直方向における単位時間あたりの運動量の変化）

$$F = 0 - ρSv \times v\sinθ = -ρSv^2\sinθ$$

板が水から受ける力は$ρSv^2\sinθ$となります。

例題2 例題1における流量Q_1とQ_2を求めなさい。

解答 分流後に板面を上に進んでいく水の流量Q_1と板面を下に進んでいく水の流量Q_2は異なります。それぞれの量は運動量保存則を用いて計算することができます。

板面に対して平行方向には力が働いていません。したがって、分流の前後で運動量に変化はありません。ここで注意する点は、板面に対して平行方向の速度を考えることです。分流前の流量をQとするとQ＝Svで表されます。
- 分流前の水の運動量：$\rho Q v \cos\theta$
- 分流後の水の運動量：$\rho Q_1 v - \rho Q_2 v$

この両者が等しいので運動量保存則によって下記の式が成り立ちます。

$\rho Q v \cos\theta = \rho Q_1 v - \rho Q_2 v$　…①

未知数はQ_1、Q_2の2個なので、もう一つ式が必要となります。それは質量保存則です。分流前後で水の質量は保存されます。

$Q = Q_1 + Q_2$　…②

式①と式②からQ_1とQ_2を求めると下記のようになります。

$$Q_1 = \frac{Q(1+\cos\theta)}{2}$$

$$Q_2 = \frac{Q(1-\cos\theta)}{2}$$

図2

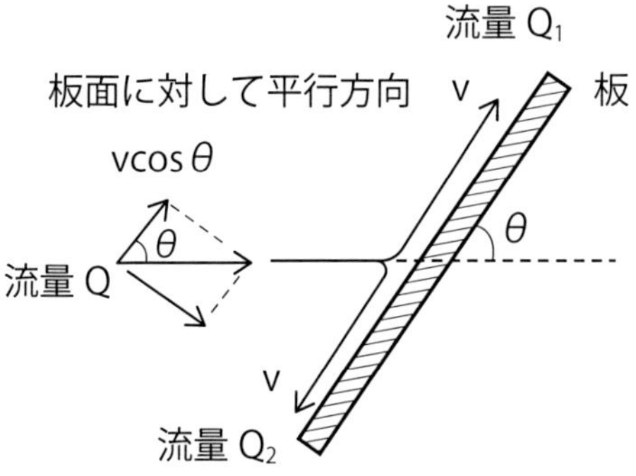

流量 Q_1
板面に対して平行方向　v　板
$v\cos\theta$
流量 Q　θ　θ
v
流量 Q_2

（分流前の運動量）　＝　（分流後の運動量）
$\rho Q v \cos\theta$　＝　$\rho Q_1 v - \rho Q_2 v$

例題3 図3に示すように、直角に曲がった直径Dの配管を密度ρの流体が流速vで流れています。配管が曲がっている部分が流体から受ける力を求めなさい。

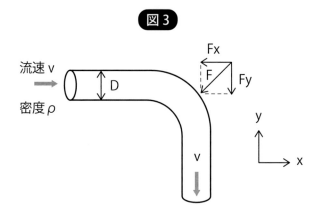

$$\begin{cases} \text{水が受ける力 Fx} = \text{x方向の運動量の変化} \\ \text{水が受ける力 Fy} = \text{y方向の運動量の変化} \end{cases}$$

解答 配管が曲がっている部分が流体から受ける力をFとして、FをX方向（Fx）とY方向（Fy）に分解して考えます。

（水が受ける力）＝（単位時間あたりの運動量の変化）

- X方向　　$Fx = 0 - \rho \times \dfrac{\pi}{4} D^2 v \times v$

- Y方向　　$Fy = -\rho \times \dfrac{\pi}{4} D^2 v \times v - 0$

したがって配管が水から受ける力は $Fx = Fy = \dfrac{\pi}{4} \rho D^2 v^2$ となります。

例題4 図4に示すように、直径が$D_1 = 200$mmから$D_2 = 100$mmに狭まる配管が水平に置かれており、中を水（密度ρ＝1000kg/m³）が流れています。直径が大きい方（上流）の流速が$v_1 = 1$m/sのとき、断面積が変化する配管に働く力を求めなさい。なお、上流における水圧を20kPaとして計算してください。

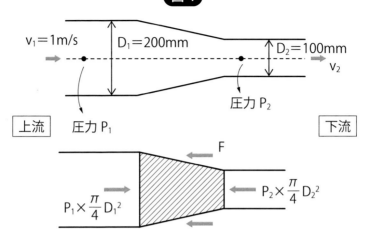

図4

解答 断面積が変化する部分で水が配管から受ける力をFとします。配管の中に斜線で囲んだ領域を設定してその中に含まれている流体（水）に働く力を求めます。ここで配管の上流、下流の圧力による力を考えることを忘れないでください。上流での圧力を$P_1 = 20\text{kPa}$、下流での圧力をP_2とすると下記の式が成り立ちます。

- 斜線部分に働く力（右向き正）：$\dfrac{\pi}{4}P_1D_1^2 - \dfrac{\pi}{4}P_2D_2^2 - F$

運動量保存則より、この力が運動量の変化と等しいので下式が成り立ちます。

$$\frac{\pi}{4}\rho D_2^2 v_2^2 - \frac{\pi}{4}\rho D_1^2 v_1^2 = \frac{\pi}{4}P_1D_1^2 - \frac{\pi}{4}P_2D_2^2 - F$$

したがって水が配管から受けるFは、

$$F = \frac{\pi}{4}P_1D_1^2 - \frac{\pi}{4}P_2D_2^2 - \frac{\pi}{4}\rho D_2^2 v_2^2 + \frac{\pi}{4}\rho D_1^2 v_1^2$$

v_2は連続の式（質量保存則）から求めます。

$$\frac{\pi}{4}\rho D_1^2 v_1 = \frac{\pi}{4}\rho D_2^2 v_2 \text{ より } \quad v_2 = 4\text{m/s}$$

P_2はベルヌーイの式（エネルギー保存則）から求めます。

$$\frac{1}{2}\rho v_1^2 + P_1 = \frac{1}{2}\rho v_2^2 + P_2 \text{ より } \quad P_2 = 12.5\text{kPa}$$

この値を使ってFを求めると、F＝436Nになります。

第6章のまとめ

- ●連続の式　⇒　質量保存則

  管内の流れ（1次元流れ）において
  - （上流側からの流入質量）＝（下流側からの流出質量）
  - （流入質量）＝（流体の密度）×（流体が単位時間あたりに流れ込む体積）

- ●ベルヌーイの定理　⇒　エネルギー保存則
  - ベルヌーイの式

  $$\frac{1}{2}\rho v^2 + P + \rho gh = 一定$$

  （運動エネルギー）＋（圧力が行う仕事）＋（位置エネルギー）＝一定
  - ベルヌーイの定理が成り立つ条件
    - ①時間的に変わらない流れ（定常流れ）　⇒　流速は一定
    - ②非粘性、非圧縮性流体　⇒　完全流体
    - ③流線に沿った流れ　⇒　管内の流れは流線に沿う
  - ベルヌーイの式はオイラーの運動方程式から導かれる

- ●運動量保存則
  - $mdv = Fdt$
    （運動量の変化）＝（力積）
  - （単位時間あたりの運動量の変化）＝（物体が受ける力）
  - 運動量保存則は運動方程式から導かれる

- ●連続の式（質量保存則）とベルヌーイの式（エネルギー保存則）と運動量保存則の3つの式を組み合わせると流体の運動解析において簡単に答えを求めることができます。保存則を活用してください。

運動している流体を調べよう
─粘性流体の運動方程式編

7-1 粘性を持つ流体が流れると粘性力が発生する

ポイント 1. ニュートンの粘性法則とは？ 2. せん断変形による粘性力は？ 3. 伸び変形による粘性力は？

粘性を持った流体の流れにおいて速度こう配が存在する場合は、流体に対して粘性力が発生します。図1に示すように、Y軸方向に速度こう配を持った流れの中に、微小要素を設定します。要素の上面の方が下面よりも流速が速く、速度差はΔuで表されます。**粘性流体の場合は、速度の速い上側に対して、速度の低い下側の流体が引きずられます。この力が粘性力です。**

ニュートンの粘性法則（2-4節参照）では、粘性による**せん断応力τ**は下記の式で表されます。

$$\tau = \mu \frac{\partial u}{\partial y}$$

ここでμは粘性係数、$\frac{\partial u}{\partial y}$はX方向の速度のY方向に対する速度こう配です。図1より角度aが微小角の場合は下記の式が成り立ちます。

$$\tan a = a = \frac{\Delta u}{\Delta y} = \frac{\partial u}{\partial y}$$

したがって、せん断応力τはaを使って下記の式で表されます。

$$\tau = \mu \frac{\partial u}{\partial y} = \mu a \quad \cdots ①$$

図1 ニュートンの粘性法則

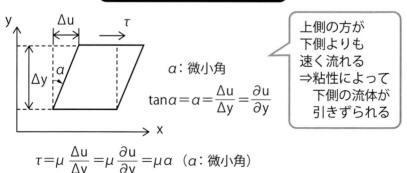

$$\tau = \mu \frac{\Delta u}{\Delta y} = \mu \frac{\partial u}{\partial y} = \mu a \quad (a: 微小角)$$

次に、3次元の流れにおいて粘性力がどのように表現されるか考えみましょう。ここでは、X方向に働く粘性力の式を求めます。粘性力を考えるときは、**①横方向のせん断変形、②縦方向のせん断変形、③伸縮変形の3パターンについて検討する必要があります。**

①横方向のせん断変形（図2）

縦軸にY方向、横軸にX方向を設定した座標系において、せん断変形する微小要素を考えます。ニュートンの粘性法則より、要素の下面には$-\mu\frac{\partial u}{\partial y}$（負の向き）のせん断応力が働きます。下面からdyの距離だけ離れた上面に作用するせん断応力は$\mu\frac{\partial u}{\partial y}+\frac{\partial}{\partial y}\left(\mu\frac{\partial u}{\partial y}\right)dy$（正の向き）で表されます。ここで、dy＝1とすると、X方向のせん断応力は、上面と下面のせん断応力の差から$\mu\frac{\partial^2 u}{\partial y^2}$と表されます。XZ平面においても同様に考えて、X方向のせん断応力は$\mu\frac{\partial^2 u}{\partial z^2}$と表されます。横方向のせん断変形におけるせん断応力τは両者の和になります（図2）。

図2　横方向のせん断変形

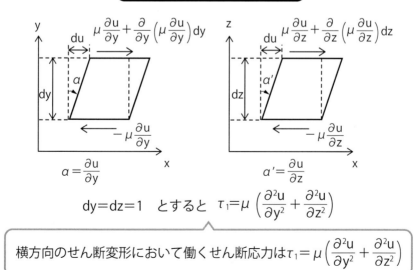

dy＝dz＝1　とすると　$\tau_1 = \mu\left(\frac{\partial^2 u}{\partial y^2} + \frac{\partial^2 u}{\partial z^2}\right)$

横方向のせん断変形において働くせん断応力は$\tau_1 = \mu\left(\frac{\partial^2 u}{\partial y^2} + \frac{\partial^2 u}{\partial z^2}\right)$

$$\tau_1 = \mu \left(\frac{\partial^2 u}{\partial y^2} + \frac{\partial^2 u}{\partial z^2} \right) \quad \cdots ②$$

②**縦方向のせん断変形(図3)**

　縦方向のせん断変形においても横方向と同様に、X方向にせん断応力が生じます。**図3**に示すように、XYおよびXZ平面において微小要素を設定してY方向へのせん断変形について考えます。せん断変形後の下面とX軸との角度をβとすると、ニュートンの粘性法則(①式)より、要素の下面には$-\mu\frac{\partial v}{\partial x}$(負の向き)のせん断応力が働きます。下面からdyの距離だけ離れた上面に作用するせん断応力は$\mu\frac{\partial v}{\partial x}+\frac{\partial}{\partial y}\left(\mu\frac{\partial v}{\partial x}\right)dy$(正の向き)で表されます。ここで、dy=1とすると、X方向のせん断応力は、上面と下面のせん断応力の差から$\mu\frac{\partial^2 v}{\partial y \partial x}$と表されます。XZ平面においても同様に考えて、X方向のせん断応力は$\mu\frac{\partial^2 w}{\partial z \partial x}$と表されます。横方向のせん断変形におけるせん断応力τ_2は両者の

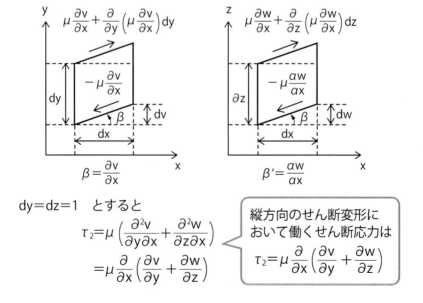

図3　縦方向のせん断変形

dy=dz=1 とすると

$$\tau_2 = \mu\left(\frac{\partial^2 v}{\partial y \partial x} + \frac{\partial^2 w}{\partial z \partial x}\right)$$
$$= \mu\frac{\partial}{\partial x}\left(\frac{\partial v}{\partial y} + \frac{\partial w}{\partial z}\right)$$

縦方向のせん断変形において働くせん断応力は
$\tau_2 = \mu\frac{\partial}{\partial x}\left(\frac{\partial v}{\partial y} + \frac{\partial w}{\partial z}\right)$

和になります。

$$\tau_2 = \mu \left(\frac{\partial^2 v}{\partial y \partial x} + \frac{\partial^2 w}{\partial z \partial x} \right) \quad \cdots ③$$

③**伸び変形**（図4、図5、図6）

　図4のような伸び変形では粘性力は現れないように見えます。しかし、微小

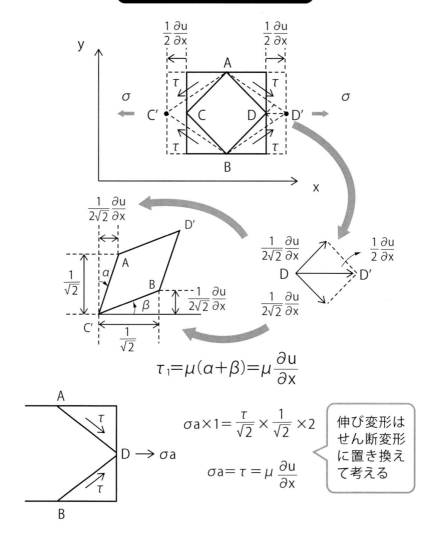

図4　伸び変形とせん断変形

第7章　運動している流体を調べよう―粘性流体の運動方程式編

要素の中に四角形ABCDを考えると、横方向（X方向）への伸びによって各辺にずれのせん断応力$τ$が働き、四角形ABC'D'のようにひし形に変形します。横方向の伸び変形速度は左右に$\frac{1}{2}\frac{\partial u}{\partial x}$となります（4-4節参照）。せん断応力$τ$は図4より$τ = μ\frac{\partial u}{\partial x}$となります。

微小要素の左右の面に働く垂直方向の応力$σ_a$は、せん断応力$τ$をX方向へ分解した力の和と等しくなります。垂直応力$σ_a$が作用するABの長さを1とするとせん断応力$τ$が作用するADとBDの長さは$\frac{1}{\sqrt{2}}$となります。奥行きを1として、力＝応力×面積として計算すると垂直応力は$σ_a = τ = μ\frac{\partial u}{\partial x}$となります。

図5に示すように、XY平面における微小要素の伸縮変形において、左面には$-μ\frac{\partial u}{\partial x}$（負の向き）の応力が、$dx$だけ離れた右面には$μ\frac{\partial u}{\partial x} + \frac{\partial}{\partial x}\left(μ\frac{\partial u}{\partial x}\right)dx$（正の向き）の応力が作用します。ここで$dx = 1$とすると、X方向の伸び変形による応力は$τ_a = μ\frac{\partial^2 u}{\partial x^2}$と表されます。

図5　X方向の伸び変形によるせん断応力

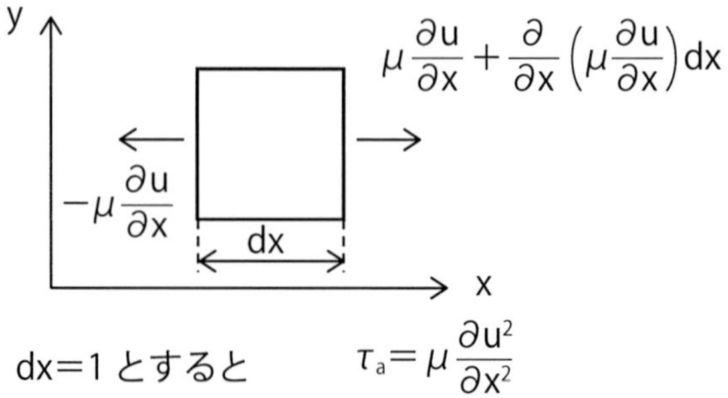

$-μ\frac{\partial u}{\partial x}$　　$μ\frac{\partial u}{\partial x} + \frac{\partial}{\partial x}\left(μ\frac{\partial u}{\partial x}\right)dx$

$dx = 1$とすると　　$τ_a = μ\frac{\partial u^2}{\partial x^2}$

XY平面において微小要素がY方向に伸びた場合はX方向に圧縮（負）の垂直応力が作用します。同様にXZ平面において微小要素がZ方向に伸びた場合はX方向に圧縮（負）の垂直応力が作用します。したがって、Y方向およびZ

方向への伸び変形による応力は、それぞれ$\tau_b = -\mu \dfrac{\partial^2 v}{\partial x \partial y}$、$\tau_c = -\mu \dfrac{\partial^2 w}{\partial x \partial z}$となります。

伸縮変形によるせん断応力は下記の式で表されます。連続の式$\dfrac{\partial u}{\partial x} + \dfrac{\partial v}{\partial y} + \dfrac{\partial w}{\partial z} = 0$を用いると簡単な式になります。

$$\tau_3 = \tau_a + \tau_b + \tau_c = \mu \left(\dfrac{\partial^2 u}{\partial x^2} - \dfrac{\partial^2 v}{\partial x \partial y} - \dfrac{\partial^2 w}{\partial x \partial z} \right)$$

$$= 2\mu \dfrac{\partial^2 u}{\partial x^2} - \mu \dfrac{\partial}{\partial x} \left(\dfrac{\partial u}{\partial x} + \dfrac{\partial v}{\partial y} + \dfrac{\partial w}{\partial z} \right)$$

$$= 2\mu \dfrac{\partial^2 u}{\partial x^2} \quad \cdots ④$$

式②、式③、式④におけるすべての応力を足し合わせたものが3次元流れにおけるX方向の粘性力になります。密度ρで割って単位質量あたりの粘性力Fxで表現すると下記の式になります。ここでも連続の式$\dfrac{\partial u}{\partial x} + \dfrac{\partial v}{\partial x} + \dfrac{\partial w}{\partial x} = 0$を使います。

$$F_x = \dfrac{1}{\rho}(\tau_1 + \tau_2 + \tau_3) = \dfrac{\mu}{\rho} \left\{ \left(\dfrac{\partial^2 u}{\partial y^2} + \dfrac{\partial^2 u}{\partial z^2} \right) + \left(\dfrac{\partial^2 v}{\partial y \partial x} + \dfrac{\partial^2 w}{\partial z \partial x} \right) + 2 \dfrac{\partial^2 u}{\partial x^2} \right\}$$

$$= \dfrac{\mu}{\rho} \left\{ \left(\dfrac{\partial^2 u}{\partial x^2} + \dfrac{\partial^2 u}{\partial y^2} + \dfrac{\partial^2 u}{\partial z^2} \right) + \dfrac{\partial}{\partial x} \left(\dfrac{\partial u}{\partial x} + \dfrac{\partial v}{\partial y} + \dfrac{\partial w}{\partial z} \right) \right\}$$

$$= \dfrac{\mu}{\rho} \left(\dfrac{\partial^2 u}{\partial x^2} + \dfrac{\partial^2 u}{\partial y^2} + \dfrac{\partial^2 u}{\partial z^2} \right)$$

Y方向およびZ方向における粘性力もX方向と同様に求めることができます。それぞれの方向における粘性力は下記の式で表されます。

- X方向　$F_x = \dfrac{\mu}{\rho} \left(\dfrac{\partial^2 u}{\partial x^2} + \dfrac{\partial^2 u}{\partial y^2} + \dfrac{\partial^2 u}{\partial z^2} \right)$

- Y方向　$F_y = \dfrac{\mu}{\rho} \left(\dfrac{\partial^2 v}{\partial x^2} + \dfrac{\partial^2 v}{\partial y^2} + \dfrac{\partial^2 v}{\partial z^2} \right)$

- Z方向　$F_z = \dfrac{\mu}{\rho} \left(\dfrac{\partial^2 w}{\partial x^2} + \dfrac{\partial^2 w}{\partial y^2} + \dfrac{\partial^2 w}{\partial z^2} \right)$

7-2 理想流体の運動方程式に粘性力を加えよう(ナビエ・ストークスの方程式)

ポイント
1. 粘性流体に作用する力は?
2. ナビエ・ストークスの方程式とは?
3. 動粘性係数とは?

5-3節において、理想流体の運動方程式であるオイラーの運動方程式を説明しました。理想流体とは圧縮性と粘性の無い流体ですが、実際の流体は多かれ少なかれ粘性を有しています。粘性流体の運動解析では、粘性力を考慮しなければなりません。

流体力学における運動方程式の立て方は力学の場合とまったく同じです。

(流体の質量m) × (流体の加速度a) = (流体が受ける力F)

ここで、流体が受ける力は下記の3つになります。

①**体積力**(重力、浮力、クーロン力など)
②**面積力**(圧力)
③**粘性力**(粘性流体の場合だけ考慮)

粘性流体の運動方程式を「**ナビエ・ストークスの方程式**」と呼びます。オイラーの運動方程式の右辺(流体が受ける力)に粘性力が加わります。

・ナビエ・ストークスの方程式

X方向 $\dfrac{Du}{Dt} = X - \dfrac{1}{\rho}\dfrac{\partial P}{\partial x} + \dfrac{\mu}{\rho}\left(\dfrac{\partial^2 u}{\partial x^2} + \dfrac{\partial^2 u}{\partial y^2} + \dfrac{\partial^2 u}{\partial z^2}\right)$ …①

Y方向 $\dfrac{Dv}{Dt} = Y - \dfrac{1}{\rho}\dfrac{\partial P}{\partial y} + \dfrac{\mu}{\rho}\left(\dfrac{\partial^2 v}{\partial x^2} + \dfrac{\partial^2 v}{\partial y^2} + \dfrac{\partial^2 v}{\partial z^2}\right)$ …②

Z方向 $\dfrac{Dw}{Dt} = Z - \dfrac{1}{\rho}\dfrac{\partial P}{\partial z} + \dfrac{\mu}{\rho}\left(\dfrac{\partial^2 w}{\partial x^2} + \dfrac{\partial^2 w}{\partial y^2} + \dfrac{\partial^2 w}{\partial z^2}\right)$ …③

・流体の加速度

流体力学において独自の表現であることを思い出してください。ラグランジュの方法で加速度を表現します(4-5節参照)。

X方向 $a_x = \dfrac{Du}{Dt} = \dfrac{\partial u}{\partial t} + u\dfrac{\partial u}{\partial x} + v\dfrac{\partial u}{\partial y} + w\dfrac{\partial u}{\partial z}$

Y方向　$a_y = \dfrac{Dv}{Dt} = \dfrac{\partial v}{\partial t} + u\dfrac{\partial v}{\partial x} + v\dfrac{\partial v}{\partial y} + w\dfrac{\partial v}{\partial z}$

Z方向　$a_z = \dfrac{Dw}{Dt} = \dfrac{\partial w}{\partial t} + u\dfrac{\partial w}{\partial x} + v\dfrac{\partial w}{\partial y} + w\dfrac{\partial w}{\partial z}$

・連続の式

$$\dfrac{\partial u}{\partial x} + \dfrac{\partial v}{\partial y} + \dfrac{\partial w}{\partial z} = 0 \quad \cdots ④$$

　ナビエ・ストークスの方程式（X方向：式①、Y方向：式②、Z方向：式③）と連続の式（式④）の連立偏微分方程式を解いて、4つの未知数すなわちX方向の流速u、Y方向の流速v、Z方向の流速w、そして圧力Pの関数形を求めることが粘性流体の解析における目的となります。

　ナビエ・ストークスの方程式の左辺を**慣性項**、右辺を順番に**体積力項**、**圧力項**、**粘性項**と呼びます。粘性項における係数 $\dfrac{\mu}{\rho} = \nu$ を**動粘性係数**（または**動粘度**）と呼びます。単位はm²/sです。ナビエ・ストークスの式の粘性項には粘性係数μではなく動粘性係数νが係数として掛けられていることに注意してください。

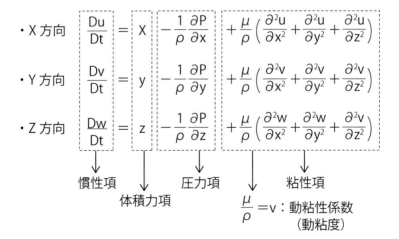

第7章　運動している流体を調べよう―粘性流体の運動方程式編

7-3 ナビエ・ストークスの方程式を解いてみよう(例題)

　ナビエ・ストークスの方程式は流体の運動を完全に記述した方程式であり、この方程式を解けば厳密解を求めることができます。**しかし、この方程式は非線形の偏微分方程式ですので、特別な場合を除けば解くことが困難です。**その場合は、数値解析の手法を用いてコンピュータ・シミュレーションにより近似解を求めます。最近はコンピュータの性能の向上から、かなり複雑な流れの解析でも短時間で行うことができるようになりました。シミュレーションによる流体解析は設計にとって非常に強力なツールになっています。本節では、厳密解が得られる簡単な流れについて考えてみましょう。

例題1 2枚の板が距離hだけ離れて平行に設置されており、下板を固定して上板を速度Uで動かします。流体の密度をρ、粘性係数をμとして板間での流速uを求めてください。定常流れの条件で重力は無視して考えてください。

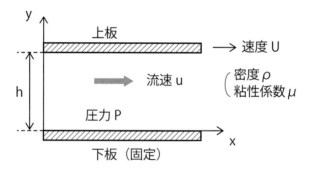

図1　平行な平板の間の流れ

解答 ナビエ・ストークスの方程式と連続の式は下記の通りです。
・ナビエ・ストークスの方程式

$$X方向\quad \frac{\partial u}{\partial t}+u\frac{\partial u}{\partial x}+v\frac{\partial u}{\partial y}+w\frac{\partial u}{\partial z}=X-\frac{1}{\rho}\frac{\partial P}{\partial x}+\frac{\mu}{\rho}\left(\frac{\partial^2 u}{\partial x^2}+\frac{\partial^2 u}{\partial y^2}+\frac{\partial^2 u}{\partial z^2}\right)\quad\cdots①$$

Y方向　$\dfrac{\partial v}{\partial t} + u\dfrac{\partial v}{\partial x} + v\dfrac{\partial v}{\partial y} + w\dfrac{\partial v}{\partial z} = Y - \dfrac{1}{\rho}\dfrac{\partial P}{\partial y} + \dfrac{\mu}{\rho}\left(\dfrac{\partial^2 v}{\partial x^2} + \dfrac{\partial^2 v}{\partial y^2} + \dfrac{\partial^2 v}{\partial z^2}\right)$　…②

Z方向　$\dfrac{\partial w}{\partial t} + u\dfrac{\partial w}{\partial x} + v\dfrac{\partial w}{\partial y} + w\dfrac{\partial w}{\partial z} = Z - \dfrac{1}{\rho}\dfrac{\partial P}{\partial z} + \dfrac{\mu}{\rho}\left(\dfrac{\partial^2 w}{\partial x^2} + \dfrac{\partial^2 w}{\partial y^2} + \dfrac{\partial^2 w}{\partial z^2}\right)$　…③

- 連続の式

$\dfrac{\partial u}{\partial x} + \dfrac{\partial v}{\partial y} + \dfrac{\partial w}{\partial z} = 0$　…④

この方程式をそのまま解くことは大変ですが、下記の条件を考慮すると簡単な方程式になります。

① $v = w = 0$

② $\dfrac{\partial u}{\partial t} = 0 \Rightarrow$　定常流れ

③ $X = Y = Z = 0$

- ナビエ・ストークスの方程式

X方向　$u\dfrac{\partial u}{\partial x} = -\dfrac{1}{\rho}\dfrac{\partial P}{\partial x} + \dfrac{\mu}{\rho}\left(\dfrac{\partial^2 u}{\partial x^2} + \dfrac{\partial^2 u}{\partial y^2}\right)$　…⑤

Y方向　$0 = -\dfrac{1}{\rho}\dfrac{\partial P}{\partial y}$　…⑥

- 連続の式

$\dfrac{\partial u}{\partial x} = 0$　…⑦

式⑥より、圧力Pはxだけの関数であることがわかります。よって、下記の通り書き換えることができます。

$\dfrac{\partial P}{\partial x} = \dfrac{dP}{dx}$　…⑧

式⑦より、X方向への流速uはyだけの関数になることがわかります。よって、下記の通り書き換えることができます。

$\dfrac{\partial u}{\partial y} = \dfrac{du}{dy}$　…⑨

また、⑦式から下記の式が成り立ちます。

$$\frac{\partial^2 u}{\partial x^2} = 0 \quad \cdots ⑩$$

式⑦、⑧、⑨、⑩を式⑤に代入すると下記の式になります。

$$0 = -\frac{1}{\rho}\frac{dP}{dx} + \frac{\mu}{\rho}\left(\frac{d^2 u}{dy^2}\right)$$

$$\frac{dP}{dx} = \mu \frac{d^2 u}{dy^2} \quad \cdots ⑪$$

式⑪の左辺はxだけの関数、右辺はyだけの関数ですので、この式が成り立つのは両辺が定数である場合だけです。この定数をΔP（正の定数）とします。$\frac{dP}{dx} = -\Delta P$なので「**圧力こう配**」と呼ばれます。ここで右辺に－（マイナス）の符号がついていることに注意してください。圧力はX方向に対して低下します。すなわち、流体は圧力が低い方向に流れていきます。

$$\frac{d^2 u}{dy^2} = -\frac{\Delta P}{\mu} \quad （定数）$$

両辺をyで2回積分すると、

$$u = -\frac{\Delta P}{2\mu}y^2 + C_1 y + C_2 \quad \cdots ⑫$$

積分定数C_1およびC_2を求めるために2つの条件式が必要になります。これを「**境界条件**」と呼びます。図2に示すように、固体壁の上を流体が流れるとき、理想流体では流速は変わりませんが、粘性流体では流体が固体壁に付着し

図2　境界条件（すべりなしの条件）

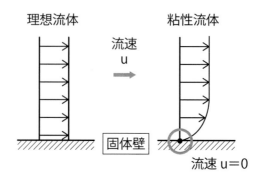

て速度0となります。これを「**すべりなしの条件**」と呼びます。この条件は、希薄気体や一部の高分子液体を除けば、ほとんどの流体について成り立ちます。

- 境界条件（すべりなしの条件）
  ① $y=0$ で $u=0$
  ② $y=h$ で $u=U$

この境界条件を式⑫に代入して、

$$C_1 = \frac{\Delta P}{2\mu}h + \frac{U}{h}$$

$$C_2 = 0$$

X方向への流速は下記の式となります。

$$u = \frac{\Delta P}{2\mu}(hy - y^2) + \frac{U}{h}y \quad \cdots ⑬$$

式⑬の第1項は圧力こう配による流れを、第2項は上板が速度Uで移動することによって生じた流れを表しています。つまり、流速は圧力こう配と上板の移動によって決まることを示しています。

例題2 例題1の流れで、上の板を固定した場合の流体の速度uを求めてください。速度分布を図示してください。

解答 式⑬において$U=0$とすると流速uは下記の式で表されます。

$$u = \frac{\Delta P}{2\mu}(hy - y^2)$$

流速uの分布を図示すると下記の通りになります。流速uは $y = \frac{1}{2}h$ で最大となり、速度分布は放物線分布となります。この流れを「**ポアズイユ流れ**」と呼びます。

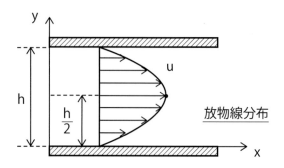

図3 ポアズイユ流れ

例題3 例題1の流れで、圧力こう配が無い場合について流体の速度uを求めてください。速度分布を図示してください。

解答 式⑬において$\Delta P = 0$とすると流速uは下記の式で表されます。

$$u = \frac{U}{h} y$$

流速uの分布を図示すると**図4**の通りになります。流速uはy＝hで最大となり、速度分布は直線分布となります。この流れを「**クエット流れ**」と呼びます。

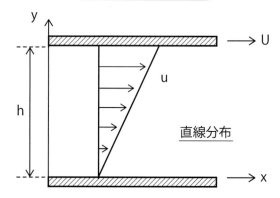

図4 クエット流れ

7-4 円管内の粘性流体の流れを解析しよう（ハーゲン・ポアズイユ流れ）

ポイント 1. 円柱座標系とは？ 2. 円柱座標系でのナビエ・ストークスの方程式は？ 3. ハーゲン・ポアズイユ流れとは？

図1に示す円管内の粘性流体の流れについて解析してみましょう。円管内の流れについては円柱座標系を用いると便利です。したがって、X、Y、Z軸を用いた直交座標系（デカルト座標）から、円柱座標系に変換します。円柱座標系は、円柱の中心軸からの半径方向（r軸）、周方向（θ軸）および円柱の軸方向（z軸）の3軸から構成されています。直交座標系で記述されたナビエ・ストークスの方程式を円柱座標系に変換した式を下記に示します。

・円柱座標系におけるナビエ・ストークスの方程式

r方向

$$\frac{\partial v_r}{\partial t} + v_r \frac{\partial v_r}{\partial r} + \frac{v_\theta}{r} \frac{\partial v_r}{\partial \theta} - \frac{v_\theta^2}{r} + v_z \frac{\partial v_r}{\partial z}$$

$$= F_r - \frac{1}{\rho} \frac{\partial P}{\partial r} + \frac{\mu}{\rho} \left(\frac{\partial^2 v_r}{\partial r^2} + \frac{1}{r} \frac{\partial v_r}{\partial r} - \frac{v_r}{r^2} + \frac{1}{r^2} \frac{\partial^2 v_r}{\partial \theta^2} - \frac{2}{r^2} \frac{\partial v_\theta}{\partial \theta} + \frac{\partial^2 v_r}{\partial z^2} \right) \quad \cdots ①$$

θ方向

$$\frac{\partial v_\theta}{\partial t} + v_r \frac{\partial v_\theta}{\partial r} + \frac{v_\theta}{r} \frac{\partial v_\theta}{\partial \theta} + \frac{v_r v_\theta}{r} + v_z \frac{\partial v_\theta}{\partial z}$$

$$= F_\theta - \frac{1}{\rho r} \frac{\partial P}{\partial \theta} + \frac{\mu}{\rho} \left(\frac{\partial^2 v_\theta}{\partial r^2} + \frac{1}{r} \frac{\partial v_\theta}{\partial r} - \frac{v_\theta}{r^2} + \frac{1}{r^2} \frac{\partial^2 v_\theta}{\partial \theta^2} + \frac{2}{r^2} \frac{\partial v_r}{\partial \theta} + \frac{\partial^2 v_\theta}{\partial z^2} \right) \quad \cdots ②$$

Z方向

$$\frac{\partial v_z}{\partial t} + v_r \frac{\partial v_z}{\partial r} + \frac{v_\theta}{r} \frac{\partial v_z}{\partial \theta} + v_z \frac{\partial v_z}{\partial z}$$

$$= F_z - \frac{1}{\rho} \frac{\partial P}{\partial z} + \frac{\mu}{\rho} \left(\frac{\partial^2 v_z}{\partial r^2} + \frac{1}{r} \frac{\partial v_z}{\partial r} + \frac{1}{r^2} \frac{\partial^2 v_z}{\partial \theta^2} + \frac{\partial^2 v_z}{\partial z^2} \right) \quad \cdots ③$$

・円柱座標系における連続の式

$$\frac{1}{r} \frac{\partial (r v_r)}{\partial r} + \frac{1}{r} \frac{\partial v_\theta}{\partial \theta} + \frac{\partial v_z}{\partial z} = 0 \quad \cdots ④$$

図1 円管内の流れと円柱座標

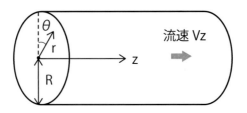

この方程式をそのまま解くことは大変ですが、下記の条件を考慮すると簡単な方程式になります。

① $v_r = v_\theta = 0$

② $\dfrac{\partial v_r}{\partial t} = \dfrac{\partial v_\theta}{\partial t} = \dfrac{\partial v_z}{\partial t} = 0 \implies$ 定常流れ

③ $F_r = F_\theta = F_z = 0$

・円柱座標系におけるナビエ・ストークスの方程式

r方向　$0 = -\dfrac{1}{\rho}\dfrac{\partial P}{\partial r}$ ⋯⑤

θ方向　$0 = -\dfrac{1}{\rho r}\dfrac{\partial P}{\partial \theta}$ ⋯⑥

Z方向　$v_z \dfrac{\partial v_z}{\partial z} = -\dfrac{1}{\rho}\dfrac{\partial P}{\partial z} + \dfrac{\mu}{\rho}\left(\dfrac{\partial^2 v_z}{\partial r^2} + \dfrac{1}{r}\dfrac{\partial v_z}{\partial r} + \dfrac{1}{r^2}\dfrac{\partial^2 v_z}{\partial \theta^2} + \dfrac{\partial^2 v_z}{\partial z^2}\right)$ ⋯⑦

・円柱座標系における連続の式

$\dfrac{\partial v_z}{\partial z} = 0$ ⋯⑧

式⑧から$\dfrac{\partial^2 v_z}{\partial z^2} = 0$、軸対称の流れであるから$\dfrac{\partial^2 v_z}{\partial \theta^2} = 0$、これらの式を式⑦に代入します。

Z方向　$0 = -\dfrac{1}{\rho}\dfrac{\partial P}{\partial z} + \dfrac{\mu}{\rho}\left(\dfrac{\partial^2 v_z}{\partial r^2} + \dfrac{1}{r}\dfrac{\partial v_z}{\partial r}\right)$

$\dfrac{\partial P}{\partial z} = \mu\left(\dfrac{\partial^2 v_z}{\partial r^2} + \dfrac{1}{r}\dfrac{\partial v_z}{\partial r}\right)$ ⋯⑨

式⑤、⑥より、圧力PはZだけの関数になります。式⑨の左辺はzだけの関数、右辺はrだけの関数ですので、この式が成り立つのは両辺が定数である場合だけです。この定数をΔP（正の定数）とします。$\dfrac{dP}{dz} = -\Delta P$なので「圧力こう配」と呼ばれます。圧力はZ方向に対して低下します。v_zはrだけの関数なので、式⑨の右辺を常微分に書き換えます。

$$\frac{d^2 v_z}{dr^2} + \frac{1}{r}\frac{dv_z}{dr} = -\frac{\Delta P}{\mu}$$

ここで$\dfrac{\partial^2 v_z}{\partial r^2} + \dfrac{1}{r}\dfrac{\partial v_z}{\partial r} = \dfrac{1}{r}\dfrac{d}{dr}\left(r\dfrac{dv_z}{dr}\right)$より、

$$\frac{1}{r}\frac{d}{dr}\left(r\frac{dv_z}{dr}\right) = -\frac{\Delta P}{\mu}$$

$$\frac{d}{dr}\left(r\frac{dv_z}{dr}\right) = -\frac{\Delta P}{\mu}r$$

両辺をrで積分すると、

$$r\frac{dv_z}{dr} = -\frac{\Delta P}{2\mu}r^2 + C_1 \quad (C_1：積分定数)$$

$$\frac{dv_z}{dr} = -\frac{\Delta P}{2\mu}r + \frac{C_1}{r}$$

もう一度、両辺をrで積分すると、

$$v_z = -\frac{\Delta P}{4\mu}r^2 + C_1 \ln r + C_2 \quad (C_2：積分定数)$$

$r=0$でv_zは有限より$C_1=0$、すべりなしの条件より$r=R$で$v_z=0$

したがって、$C_2 = \dfrac{\Delta P}{4\mu}R^2$

$$v_z = \frac{\Delta P}{4\mu}(R^2 - r^2)$$

円管内の流れを図示すると**図2**のようになります。流速は鉛管の中央で最大になります。これを「**ハーゲン・ポアズイユ流れ**」と呼びます。

図2　ハーゲン・ポアズイユ流れ

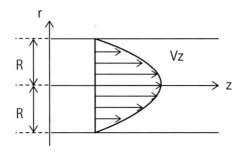

例題　ハーゲン・ポアズイユ流れにおける流量Qを求めてください。

解答　流量Qは円管の断面について積分すれば求められます。図3に示すように円管の中心から距離rの部分に幅drのドーナツ型の領域を仮定します。このドーナツ型の面積は$2\pi r dr$で表されます。これに流速v_zを掛けるとドーナツ型の領域を通過する流量dQになります。両辺を積分すると、全流量Qを求めることができます。

$$Q = \int_0^R v_z 2\pi r dr = 2\pi \frac{\Delta P}{4\mu} \int_0^R (R^2 - r^2) r dr = \frac{\pi \Delta P}{8\mu} R^4 \quad \cdots ⑩$$

　式⑩より、流量Qは圧力こう配ΔPおよび円管の半径Rの4乗に比例することがわかります。また、流量Qを測定することで粘性係数μを求めることができます。

図3　流量の求め方

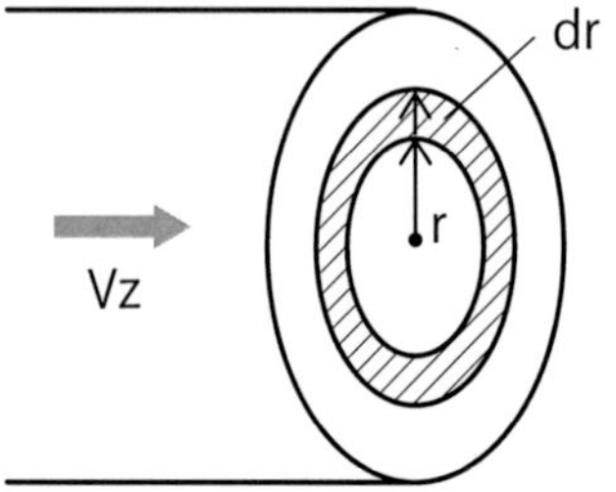

第7章のまとめ

● 粘性力

- X方向 $F_x = \dfrac{\mu}{\rho}\left(\dfrac{\partial^2 u}{\partial x^2} + \dfrac{\partial^2 u}{\partial y^2} + \dfrac{\partial^2 u}{\partial z^2}\right)$

- Y方向 $F_y = \dfrac{\mu}{\rho}\left(\dfrac{\partial^2 v}{\partial x^2} + \dfrac{\partial^2 v}{\partial y^2} + \dfrac{\partial^2 v}{\partial z^2}\right)$

- Z方向 $F_z = \dfrac{\mu}{\rho}\left(\dfrac{\partial^2 w}{\partial x^2} + \dfrac{\partial^2 w}{\partial y^2} + \dfrac{\partial^2 w}{\partial z^2}\right)$

● ナビエ・ストークスの方程式

（慣性項）＝（体積力項）＋（圧力項）＋（粘性項）

- X方向 $\dfrac{\partial u}{\partial t} + u\dfrac{\partial u}{\partial x} + v\dfrac{\partial u}{\partial y} + w\dfrac{\partial u}{\partial z} = X - \dfrac{1}{\rho}\dfrac{\partial P}{\partial x} + \dfrac{\mu}{\rho}\left(\dfrac{\partial^2 u}{\partial x^2} + \dfrac{\partial^2 u}{\partial y^2} + \dfrac{\partial^2 u}{\partial z^2}\right)$

- Y方向 $\dfrac{\partial v}{\partial t} + u\dfrac{\partial v}{\partial x} + v\dfrac{\partial v}{\partial y} + w\dfrac{\partial v}{\partial z} = Y - \dfrac{1}{\rho}\dfrac{\partial P}{\partial y} + \dfrac{\mu}{\rho}\left(\dfrac{\partial^2 v}{\partial x^2} + \dfrac{\partial^2 v}{\partial y^2} + \dfrac{\partial^2 v}{\partial z^2}\right)$

- Z方向 $\dfrac{\partial w}{\partial t} + u\dfrac{\partial w}{\partial x} + v\dfrac{\partial w}{\partial y} + w\dfrac{\partial w}{\partial z} = Z - \dfrac{1}{\rho}\dfrac{\partial P}{\partial z} + \dfrac{\mu}{\rho}\left(\dfrac{\partial^2 w}{\partial x^2} + \dfrac{\partial^2 w}{\partial y^2} + \dfrac{\partial^2 w}{\partial z^2}\right)$

- $\dfrac{\mu}{\rho} = \nu$：動粘性係数、動粘度

● 粘性流体の解析における境界条件　⇒　すべりなしの条件

粘性流体　⇒　固体壁での流速は0

● 平板間の流れ

- ポアズイユ流れ　流速 $u = \dfrac{\Delta P}{2\mu}(hy - y^2)$

- クエット流れ　流速 $u = \dfrac{U}{h}y$

● 円管内の流れ　⇒　ハーゲン・ポアズイユ流れ

- 直交座標系から円柱座標系への変換

- 流速 $v_z = \dfrac{\Delta P}{4\mu}(R^2 - r^2)$

- 流量 $Q = \dfrac{\pi \Delta P}{8\mu}R^4$

物体まわりの流れの性質と、流れの中の物体が受ける力

8-1 流体の粘性が物体にどのくらい影響するか

ポイント 1. 理想流体と粘性流体の違いは？ 2. レイノルズ数の意味は？ 3. レイノルズ数の求め方は？

　本章では、流れの中に物体を置いたときに物体まわりの流れの形態と物体が流れから受ける力について説明します。ここでは、理想流体と粘性流体の違いについて、もう一度深く考える必要があります。世の中に存在する流体は多かれ少なかれ粘性を持っています。**実在の流体はすべて粘性流体であることを考えると、5章で解説した圧縮性も粘性もない理想流体の運動解析はどのように役に立つのでしょうか。**

　海水の中には様々な大きさ生物が棲んでいます。小さいものは例えばプランクトンであり大きさは100μm（10^{-4}m）程度しかありません。プランクトンにとって海水は非常に粘っこい流体であり、プランクトンは海水中を泳ぐのではなく浮かんで移動します。一方、大きなものはクジラであり、全長が10m以上もあります。クジラは海水中を自由に泳いで動きまわることができます。クジラにとって海水の粘っこさは気になりません。クジラにとって海水は理想流体なのです。このように流れの中の物体に及ぼす粘性の影響は、物体の大きさによって異なります。

　流れの中に置かれた物体に対して、**粘性がどのぐらい影響するかを定量的に表す定数を「レイノルズ数（Re）」と呼びます。** レイノルズ数は下記の式で表されます。ここで代表長さとは、物体の大きさを示しています。

$$\mathrm{Re} = \frac{\rho \mathrm{UL}}{\mu} = \frac{\mathrm{UL}}{\nu} \quad \cdots ①$$

（ρ：密度、μ：粘性係数、$\frac{\mu}{\rho} = \nu$：動粘性係数、U：流速、L：代表長さ）

　レイノルズ数の意味は下記の通り、慣性力を粘性力で割った値を表しています。力を力で割っているので無次元です。慣性力とは物体の運動を維持しようとする力であり、運動方程式の左辺（質量×加速度）を表しています。粘性力はニュートンの粘性法則で表されます。粘性によるせん断応力は単位面積あたりの力なので断面積Aを掛けます。ここでUを流速、Lを長さ、Tを時間とするとレイノルズ数は下記のように導出されます。

$$\mathrm{Re} = \frac{(慣性力)}{(粘性力)} = \frac{m \cdot a}{\mu \dfrac{du}{dy} \cdot A} = \frac{\rho L^3 \dfrac{L}{T^2}}{\mu \left(\dfrac{U}{L}\right) \cdot L^2}$$

ここで、$\dfrac{L}{T} = U$ より、

$$= \frac{\rho L^2 U^2}{\mu UL} = \frac{UL}{\dfrac{\mu}{\rho}} = \frac{UL}{\nu}$$

レイノルズ数が小さい場合は粘性力の影響が大きく（慣性力の影響が小さく）、レイノルズ数が大きい場合は粘性力の影響が小さい（慣性力の影響が大きい）ことを示しています。先ほどの海水中のプランクトンとクジラの例では代表長さの小さいプランクトンではレイノルズ数が小さくなり粘性の影響が大きく、代表長さの大きいクジラではレイノルズ数が大きくなり粘性の影響が小さくなります。つまり、プランクトンのまわりの流れは粘性流体として取り扱わなければなりませんが、クジラのまわりの流れは近似的に理想流体として解析することができます。

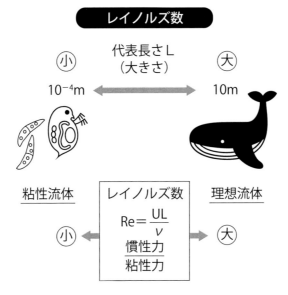

第8章 物体まわりの流れの性質と、流れの中の物体が受ける力

8-2 流れの性質はレイノルズ数2320を境に変わる（層流と乱流）

ポイント 1. 層流、乱流とは？　2. 層流から乱流に遷移する条件とは？
3. 乱流の発生原因は？

　レイノルズ数は流体における粘性の影響を無次元の数値で表したものであり、レイノルズ数が変われば、物体のまわりの流体の流れ方が変わります。また、流れの中に物体が存在しない場合でも、レイノルズ数が大きくなると流れそのものの形態が変わります。イギリスの物理学者であったレイノルズは1883年に配管内の流れの実験を行い、重要な結果を得ました。彼は、水平に置かれたガラス管の中に水を流して、その中に色の着いたインクを流しました。水の流速やガラス管の直径を変化させて様々な実験を行った結果、レイノルズ数 $Re = \dfrac{Ud}{\nu}$ が一定の値より大きくなると流れが乱れることを見出しました。**レイノルズ数が小さければインクは直線状に流れていきます。これを「層流」と呼びます。流速を大きくしていき、レイノルズ数が2320を超えると流れが乱れ始めます。これを「乱流」と呼びます。**流速だけではなく管径（代表長さLに相当します）や流体の種類（動粘性係数）を変えても例外なくRe=2320を超えると層流から乱流に遷移します。この値を「臨界レイノルズ数 Re_c」と呼びます。なぜ、2320なのかは、いまだにわかっていません。

　前節で述べたように、レイノルズ数は粘性の影響を表しています。レイノルズ数が低く粘性の影響が大きいときは流体の持つ粘性力によって流れが一方向に引きずられます。そのため流れは一方向にきれいに流れる層流となるのですが、レイノルズ数が大きくなり、慣性力が大きくなると流体が様々な方向に運動するようになります。

　乱流を定義することは難しいのですが、特徴としては3次元的な渦状の流れ、そして非定常流れであり、時間的にも空間的にも不安定な流れです。実は、私たちの身のまわりの流れはほとんどの場合が乱流です。水道の蛇口から出る水は層流ですが、流量が増えるとすぐに乱流になります。

　ここで、ナビエ・ストークスの方程式を思い出してください。

- ナビエ・ストークスの方程式

（慣性項）=（体積力項）+（圧力項）+（粘性項）

$$\frac{\partial u}{\partial t} + u\frac{\partial u}{\partial x} + v\frac{\partial u}{\partial y} + w\frac{\partial u}{\partial z} = X - \frac{1}{\rho}\frac{\partial P}{\partial x} + \frac{\mu}{\rho}\left(\frac{\partial^2 u}{\partial x^2} + \frac{\partial^2 u}{\partial y^2} + \frac{\partial^2 u}{\partial z^2}\right) \quad (\text{X方向})$$

レイノルズ数は慣性力を粘性力で割った値なので、レイノルズ数が大きくなる場合、方程式右辺の粘性項の影響が小さく、左辺の慣性項の影響が大きいことを示しています。慣性項の式を見ていただければわかるのですが、例えば、$u \times \frac{\partial u}{\partial x}$ のように（未知数）×（未知数）の非線形項があります。ナビエ・ストークスの方程式における非線形性は慣性項に現れています。したがって、レイノルズ数の大きい流れでは慣性項の影響が大きく方程式の非線型性が強くなり解の不安定性から乱流が現れると考えられます。

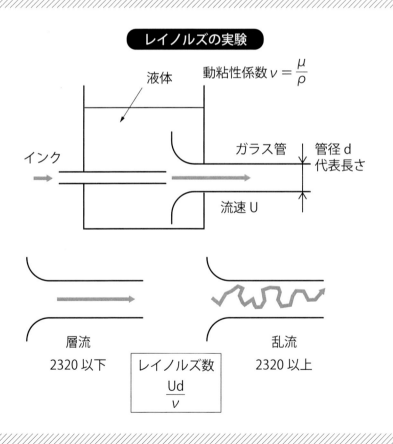

8-3 縮小モデルを用いた流体実験に必要な「相似則」

ポイント 1. 実機における流れを縮尺モデルで解析するためには？
2. 相似則とは？　3. 相似則の証明は？

　自動車や鉄道、飛行機の羽根のまわりの流れや流れによって乗り物が受ける力を解析することは、輸送機器の設計にとって非常に重要です。実機で実験して解析を行えばよいのですが、コストがかかりますし、巨大な実験設備が必要となります。そのときには、実機を縮小したモデルを作製して流れの中に配置して実験を行います。現実に生じる流体の運動を縮小したモデルで実験することで同じ状態を再現するためには「相似則」を用います。**結論から述べると、レイノルズ数が等しければ実機と縮小モデルにおける流れ現象は等しくなります。**

例題 全長5mの自動車が時速60km/hで走行している状態を縮小モデルによって再現します。実スケールから1/2に縮小した自動車のモデルを作製するとき、実験における風速を求めてください。

解答 走行している自動車のまわりの空気の流れを解析するために、「風洞」と呼ばれる実験設備があります。風洞ではファンなどを利用して空気の流れ（風）を作ります。風が流れる管路内に自動車を配置してそのまわりの流れを調査します。

　空気の動粘性係数をνとして、レイノルズ数Reが等しくなるように風速を決めます。代表長さは自動車の全長になります。

$$Re = \frac{UL}{\nu} = \frac{60 \times 5}{\nu} = \frac{x \times 5 \times \frac{1}{2}}{\nu}$$

$x = 120$km/h

　モデルを縮小すると流速を大きくしなければなりません。**縮小率を大きくすると、非常に速い風の流れを作り出す必要があります。**

ナビエ・ストークスの方程式を用いて、相似則を証明してみましょう。方程式の中の物理量x、y、z、u、v、w、t、Pは次元を持った物理量ですが、これらを代表長さL（m）、流速U（m/s）、密度ρ（kg/m³）で無次元化します。無次元化した物理量は下記の式で表されます。

$x' = \dfrac{x}{L}$　$y' = \dfrac{y}{L}$　$z' = \dfrac{z}{L}$　より　$x = Lx'$、$y = Ly'$、$z = Lz'$

$u' = \dfrac{u}{U}$　$v' = \dfrac{v}{U}$　$w' = \dfrac{w}{U}$　より　$u = Uu'$、$v = Uv'$、$w = Uw'$

$t' = \dfrac{t}{L/U} = t\dfrac{U}{L}$　L/Uは時間の次元を表しています。$t = \dfrac{L}{U}t'$

$P' = \dfrac{P}{\rho U^2}$　圧力Pの単位の次元　$\dfrac{N}{m^2} = kg \cdot \dfrac{m}{s^2} \cdot \dfrac{1}{m^2} = \dfrac{kg}{m^3} \cdot \left(\dfrac{m}{s}\right)^2 = \rho \cdot U^2$

$P = \rho U^2 P'$

これらをナビエ・ストークスの方程式に代入します。ただし、体積力を無視して考えます。

$$\dfrac{\partial u}{\partial t} + u\dfrac{\partial u}{\partial x} + v\dfrac{\partial u}{\partial y} + w\dfrac{\partial u}{\partial z} = -\dfrac{1}{\rho}\dfrac{\partial P}{\partial x} + \nu\left(\dfrac{\partial^2 u}{\partial x^2} + \dfrac{\partial^2 u}{\partial y^2} + \dfrac{\partial^2 u}{\partial z^2}\right) \quad (\text{X方向})$$

$$\dfrac{U^2}{L}\dfrac{\partial u'}{\partial t'} + \dfrac{U^2}{L}\left(u'\dfrac{\partial u'}{\partial x'} + v'\dfrac{\partial u'}{\partial y'} + w'\dfrac{\partial u'}{\partial z'}\right) = -\dfrac{1}{\rho}\dfrac{\rho U^2}{L}\dfrac{\partial P'}{\partial x'} + \nu\dfrac{U}{L^2}\left(\dfrac{\partial^2 u'}{\partial x'^2} + \dfrac{\partial^2 u'}{\partial y'^2} + \dfrac{\partial^2 u'}{\partial z'^2}\right)$$

ここで$\dfrac{\partial^2 u}{\partial x^2} = \dfrac{\partial}{\partial x}\left(\dfrac{\partial u}{\partial x}\right)$であることに注意してください。

両辺をU^2/Lで割ります。

$$\dfrac{\partial u'}{\partial t'} + u'\dfrac{\partial u'}{\partial x'} + v'\dfrac{\partial u'}{\partial y'} + w'\dfrac{\partial u'}{\partial z'} = -\dfrac{\partial P}{\partial x} + \dfrac{\nu}{UL}\left(\dfrac{\partial^2 u}{\partial x^2} + \dfrac{\partial^2 u}{\partial y^2} + \dfrac{\partial^2 u}{\partial z^2}\right)$$

上の式が無次元化されたナビエ・ストークスの方程式です。幾何学的に相似な2つの物体のまわりの流れを考えるとき、粘性項の係数である$\dfrac{\nu}{UL}$が等しければ、それぞれの流れにおける無次元化した方程式は同一であり、同じ解を与えます。この逆数がレイノルズ数となります。つまり、レイノルズ数が等しければ2つの流れは力学的に相似であるといえます。

8-4 物体近傍の流速は物体との摩擦で遅くなる（境界層）

ポイント
1. すべりなしの条件とは？
2. 粘性流体における摩擦とは？
3. 境界層とは？

図1に示すように、管内の流れにおいて理想流体と粘性流体では大きな違いがあります。流体が管内の壁と接触する場所に注目してください。理想流体では管内の中央部と壁面部の流速は同じです。一方、粘性流体では流体が固体壁に付着して壁面の流速が0になります（すべりなしの条件）。

別の視点から考えると、管内の壁は粘性流体によって引きずられる力を受けます。この力の大きさはニュートンの粘性法則（せん断応力$\tau = \mu \dfrac{du}{dy}$）によって決まります。すなわち、壁面と粘性流体の間には摩擦が生じます。**粘性流体の中に物体を置くと、物体の表面は粘性流体から摩擦による力を受けます。**

図2は翼のまわりの空気の流れを表しています。レイノルズ数が大きい流れでは粘性の影響が小さく、翼から離れた場所の流れは「主流」と呼ばれ、理想流体として取り扱うことができます。一方、翼表面の近傍では**摩擦によって流速が減少した領域が存在します。この領域を「境界層」と呼びます。**境界層では空気と翼の間に摩擦が生じて速度こう配が大きくなるために、空気を粘性流体として取り扱います。そして、翼近傍の境界層における粘性流体の解析から、翼が空気の流れから受ける力を求めることができます。翼の近傍は粘性流体、翼から離れた場所は理想流体というように2つの領域に分けることで現実に近い流体解析を行うことができます。

図3における平板に沿う流れにおいて、境界層の厚さは板の後方に向かって厚くなります。物体の表面から主流の流速の99％になる位置までを境界層厚さ$\delta_{0.99}$と定義して、これを境界層厚さδとして用いることが慣習となっています。境界層方程式に関するブラウジウスの解は下記の式で表されます。

$\delta = 5.0 \sqrt{\dfrac{\nu x}{U}}$ （ν：動粘性係数、U：主流の流速、x：平板先端からの距離）

レイノルズ数ReはRe = UL/νと表されるので、レイノルズ数が大きくなると（ν/Uが小さくなると）理想流体に近づき、境界層厚さは薄くなります。速い流れにおいて粘性が影響する境界層は物体のごく近傍に限られます。

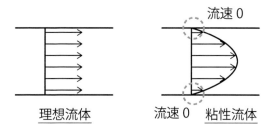

図1 管内の流れ

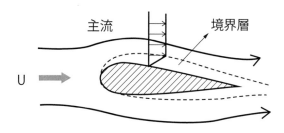

図2 境界層

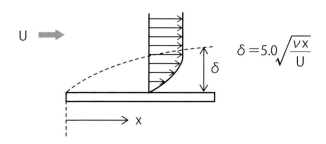

図3 境界層の厚さ

8-5 管内の流れでは内壁との摩擦で圧力損失が起こる

ポイント 1. 摩擦によるエネルギーの損失とは？
2. ヘッドとは？　3. ダルシー・ワイスバッハの式とは？

　管内の流れにおいて壁面近傍では粘性力による流体摩擦が生じます。壁面近傍では流体の速度が低下するために、摩擦によるエネルギーの損失が起こります。したがって、理想流体における**ベルヌーイの式は、粘性流体では成立しません**。ただし、**摩擦によるエネルギーの損失量を考えればエネルギー保存則は成り立ちます**。**図1**に示すようにエネルギーの損失量をΔEとすると下記の式が成り立ちます。

$$\frac{1}{2}\rho v_1^2 + P_1 + \rho g Z_1 = \frac{1}{2}\rho v_2^2 + P_2 + \rho g Z_2 + \Delta E \quad \cdots ①$$

ここで式①の両辺をρgで割ります。

$$\frac{v_1^2}{2g} + \frac{P_1}{\rho g} + Z_1 = \frac{v_2^2}{2g} + \frac{P_2}{\rho g} + Z_2 + \Delta H \quad \cdots ②$$

　式②における各項は長さの次元を表しており、$\frac{v}{2g}$を「速度ヘッド」、$\frac{P}{\rho g}$を「圧力ヘッド」、Zを「位置ヘッド」、これらの和を「全ヘッド」、ΔHを「損失ヘッド」と呼びます。

　図2に示す水平な管内の流れにおいて流れの上流Aと下流Bにマノメータを設置して圧力を測定します。それぞれの圧力をP_A、P_Bとすると式②より下記の式が成り立ちます。ここで、管の直径は変化しないので質量保存則より$v_1 = v_2$、AとBの高さは変わらないので$Z_1 = Z_2$とします。

$$\frac{P_A}{\rho g} = \frac{P_B}{\rho g} + \Delta H$$

$$P_A - P_B = \rho g \Delta H \quad \cdots ③$$

　式③より、流れの上流Aから下流Bまで管の内壁での摩擦による損失（ΔH）によって圧力の低下が起こることがわかります。

　円管内の流れでは、損失ヘッドΔHは下記の式で表されます。この式を「ダルシー・ワイスバッハの式」と呼びます。

$$\Delta H = \lambda \frac{L}{d} \frac{U^2}{2g}$$

（λ：管摩擦係数、L：管の長さ、d：管の直径、U：流速）

ここで層流の場合は$\lambda = \frac{64}{Re}$となります。乱流の場合の管摩擦係数は、管の内壁の粗さやレイノルズ数などに影響を受けて複雑に変化します。その際には様々な実験データをまとめたムーディ線図を用いてλを求めます。

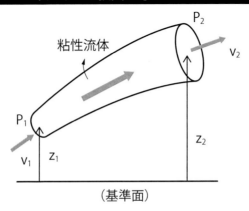

図1　エネルギーの損失を考えたベルヌーイの式

$$\frac{1}{2}\rho v_1^2 + P_1 + \rho g Z_1 = \frac{1}{2}\rho v_2^2 + P_2 + \rho g Z_2 + \underline{\underline{\Delta E}}$$

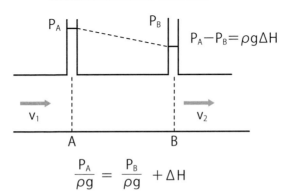

図2　水平な管内の流れ

$$P_A - P_B = \rho g \Delta H$$

$$\frac{P_A}{\rho g} = \frac{P_B}{\rho g} + \Delta H$$

8-6 物体まわりの流体は剥がれて渦になる

ポイント 1. 理想流体と粘性流体における物体まわりの流れは？ 2. 理想流体と粘性流体で物体が受ける力は？ 3. カルマン渦とは？

図1に円柱のまわりの流れを示します。理想流体では、上下左右対称の流れになります。また、円柱の表面と流体の間に摩擦はないので、円柱の表面は流体から力を受けません。また、流れは対称なので円柱の前後で圧力は変わりません。したがって、**理想流体中の円柱は流れによる抵抗を受けることはない**という現実とは異なった結果が導かれます。これを「ダランベールのパラドクス」と呼びます。

図2に示す粘性流体では、円柱表面の近傍（境界層）において粘性による摩擦が生じ、せん断応力によって円柱は流体から力を受けます。これを「摩擦抗力」と呼びます。円柱表面に沿った流れは途中ではく離します。表面近傍の境界層では摩擦抵抗によって運動エネルギーが低下します。そして、流体が圧力に逆らいながら進むことができなくなると流れが物体の表面からはがれます。流れがはく離する場所を「はく離点」と呼びます。はく離点の後方では渦が生じます。渦では流体が回転しているので外向きに遠心力が働きます。この力につりあうように渦の中心の圧力は低下して内向きの力を生じます。円柱の後方に生じる渦によって円柱後方の圧力は円柱前方（よどみ点）の圧力よりも小さくなります。したがって、円柱は流れ前後の圧力差による力を受けます。これを「圧力抗力」と呼びます。理想流体と粘性流体で円柱まわりの流れは大きく異なります。

図3に示すように、流れの形態はレイノルズ数によって変わります。流体の動粘性係数と代表長さ（円柱の直径）は変わらないので、単純に流速が速くなっていくと考えてください。**流速が小さいと流体は円柱の表面に付着して流れます。流速が速くなると円柱の後方で流れがはく離して、上下対称の双子渦が生じます。**渦流れの方向は上下で逆になります。さらに流速が大きくなると渦が上下に対して交互に発生するようになります。これを「カルマン渦」と呼びます。交互に発生するカルマン渦によって円柱は流れに対して垂直方向に振動します。この繰返し荷重によって流れの中に置かれた物体が疲労破壊を起こす可能性があるので注意しなければなりません。

図1　理想流体における円柱周りの流れ

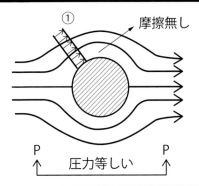

図2　粘性流体における円柱周りの流れ

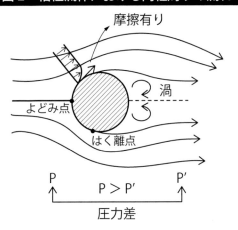

図3　レイノルズ数と円柱周りの流れ

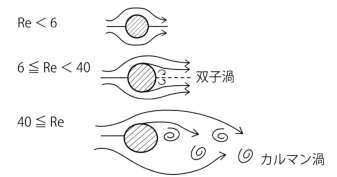

8-7 物体が流れから受ける「抗力」

ポイント 1. 抗力とは？　2. 摩擦抗力と圧力抗力とは？
3. 抗力の求め方は？

図1に示すように、**流れの中に物体を置くと物体は流れから力を受けます**。この力を「抗力」と呼びます。抗力には、境界層における粘性力（摩擦力）である摩擦抗力と、物体の前方（よどみ点）と後方（渦流れ）の圧力差による圧力抗力の2種類があります。これらをあわせた抗力Dは下記の式で表されます。

$$D = \frac{1}{2} C_D \rho U^2 S \quad \cdots ①$$

（C_D：抗力係数、ρ：流体の密度、U：流速、S：物体の基準面積）

物体の基準面積Sとして、流れに対して物体を正面から見た投影面積が用いられます。式①より、抗力は流体の密度、速度の2乗、基準面積に比例することがわかります。一般に、抗力係数C_Dを理論的に求めることは困難なので、実験やシミュレーションによって個別に求められています。いろいろな物体の抗力係数を図2に示します。円柱においてL/D＝1の場合と立方体の場合を比較してみましょう。**投影面積L^2は全く同じですが、抗力係数C_Dは差があり、円柱は0.63、立方体は1.05です**。側面が湾曲している円柱の方が流体から受ける抵抗が少ないことがわかります。

例題 自動車が時速U＝60km/hで走行しています。進行方向に対する投影面積がS＝6m³、抗力係数がC_D＝0.3のとき抗力を求めてください。また、10m/sの向かい風が吹いているときの抗力は無風状態の何倍になるか計算してください。空気の密度は1.29kg/m³です。

解答 式①より抗力を求めます。

$$D = \frac{1}{2} C_D \rho U^2 S = \frac{1}{2} \times 0.3 \times 1.29 \times \left(\frac{60 \times 1000}{3600}\right)^2 \times 6 = 323 \quad N$$

向かい風が吹いている場合は自動車の速度に対して加算して考えます。

$$U = \frac{60 \times 1000}{3600} + 10 = 26.7 \text{ m/s}$$

$$D = \frac{1}{2} C_D \rho U^2 S = \frac{1}{2} \times 0.3 \times 1.29 \times (26.7)^2 \times 6 = 828 \quad N$$

したがって、抗力は約2.6倍になります。

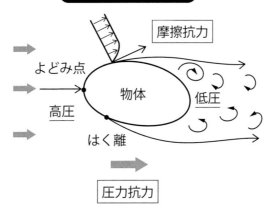

図1 抗力の分類

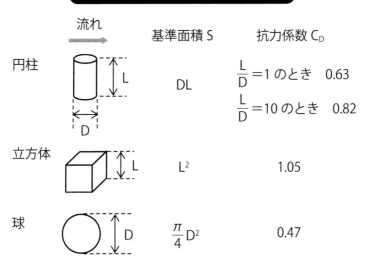

図2 いろいろな物体の抗力係数

	流れ →	基準面積 S	抗力係数 C_D
円柱	L, D	DL	$\frac{L}{D}=1$ のとき 0.63 $\frac{L}{D}=10$ のとき 0.82
立方体	L	L^2	1.05
球	D	$\frac{\pi}{4}D^2$	0.47

8-8 流れのはく離を防いで揚力を高める(飛行機の安定飛行)

ポイント 1. 揚力の求め方は？ 2. 翼の性能と迎え角の関係は？
3. マグナス効果とは？

飛行機は翼まわりの空気の流れから鉛直方向の力を受けて離陸します。流れに対して垂直方向に働く力を「揚力」と呼びます。図1に示すように、翼の形状は上下非対称であり、翼の上と下で空気の流速が異なります。例えば、翼の上の流速が下よりも速い場合はベルヌーイの定理より、翼の上の圧力は下に比べて低くなります。したがって、上向きの揚力が発生します。揚力Lは下記の式で表されます。

$$L = \frac{1}{2} C_L \rho U^2 S \quad \cdots ①$$

(C_L：揚力係数、ρ：流体の密度、U：流速、S：物体の基準面積)

翼の性能は空気の流れの方向と翼弦線（翼の前縁と後縁を結んだ線）のなす角度と密接に関連しています。この角度を「迎え角」と呼びます。図2に翼の揚力係数・抗力係数と迎え角の関係を示します。**迎え角を大きくしていくと揚力係数は大きくなります。**一方、**迎え角が20°を超えると揚力係数が急激に低下します。**迎え角が大きすぎると翼の上面で流れがはく離して、抗力係数が急増します。この状態を「失速」と呼びます。飛行機を安定して飛ばすには、翼のまわりの流れがはく離を起こさないようにすることが重要です。

球のように対称形の物体でも揚力を発生させることができます。図3のように流れの中で球を回転させると回転の効果で流速が速い領域と遅い領域ができます。ベルヌーイの定理より、流速が速くなると圧力が低下します。したがって、球が回転することで上下に圧力差が生じて、揚力が発生します。これを「マグナス効果」と呼びます。野球やサッカーにおいて回転するボールが曲がるのはマグナス効果に起因します。

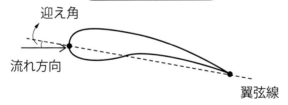

図1 翼の形状

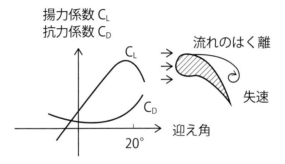

図2 翼の揚力・抗力曲線

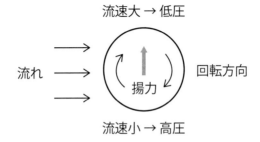

図3 マグナス効果

第8章のまとめ

- レイノルズ数 ⇒ 流れの中に置かれた物体に対して粘性がどのぐらい影響するかを定量的に表す定数

$$Re = \frac{\rho UL}{\mu} = \frac{UL}{\nu}$$

（ρ：密度、μ：粘性係数、$\frac{\mu}{\rho} = \nu$：動粘性係数、U：流速、L：代表長さ）

- 臨界レイノルズ数 $Re_c = 2320$ を超えると層流から乱流に遷移

- 相似則 ⇒ レイノルズ数が等しければ実機と縮小モデルにおける流れ現象は等しい

- 管内の流れにおいて壁面と粘性流体の間には摩擦が生じる。粘性流体の中に物体を置くと物体の表面は粘性流体から摩擦力を受ける。流体摩擦はエネルギーの損失である。

$$損失ヘッド \Delta H = \lambda \frac{L}{d} \frac{U^2}{2g} \quad ダルシー・ワイスバッハの式$$

（λ：管摩擦係数、L：管の長さ、d：管の直径、U：流速）

- 境界層 ⇒ 物体表面の近傍で粘性の影響を受ける領域

$$境界層の厚さ \delta = 5.0 \sqrt{\frac{\nu x}{U}}$$

（ν：動粘性係数、U：主流の流速、x：平板先端からの距離）

- 理想流体と粘性流体で物体まわりの流れは大きく異なる

- 抗力＝摩擦抗力＋圧力抗力

$$抗力 D = \frac{1}{2} C_D \rho U^2 S$$

（C_D：抗力係数、ρ：流体の密度、U：流速、S：物体の基準面積）

- $揚力 L = \frac{1}{2} C_L \rho U^2 S$

（C_L：揚力係数、ρ：流体の密度、U：流速、S：物体の基準面積）

索　　引

数字
1次元流れ ……………………… 76
PIV 法 …………………………… 50

あ
圧縮性 …………………………… 48
圧縮性流体 ……………………… 14
圧力 ……………………………… 14
圧力抗力 ………………………… 126
アボガドロ定数 ………………… 24
アルキメデスの原理 …………… 42
運動方程式 ……………………… 14
運動量保存則 …………………… 88
液圧圧力計 ……………………… 38
オイラーの運動方程式 ……… 16、70
オイラーの方法 ……………… 16、63

か
回転 ……………………………… 56
カルマン渦 ……………………… 126
機械力学 ………………………… 10
境界層 …………………………… 122
クエット流れ …………………… 108
ゲージ圧力 ……………………… 38
抗力 ……………………………… 128
コンピュータ・
シミュレーション …………… 104

さ
材料力学 ………………………… 10
作動流体 ………………………… 12
示差マノメータ ………………… 41
質量保存則 ……………………… 66
伸縮変形 …………………… 56、97
すべりなしの条件 ……………… 107
静止流体 ………………………… 34
絶対圧力 ………………………… 38
せん断応力 ……………………… 28
せん断変形 ………………… 56、97
層流 ……………………………… 118
塑性流体 ………………………… 30

た
体積力 …………………………… 16
ダイラント流体 ………………… 30
ダランベールのパラドクス …… 126
ダルシー・ワイスバッハの式 … 124
定常流れ ………………………… 48
トレーサ粒子 …………………… 50

な
ナビエ・ストークスの方程式 … 16、102
ニュートンの粘性法則 ………… 29
ニュートン流体 ………………… 30
熱力学 …………………………… 10

粘性	48
粘性係数	28
粘性力	16、96
粘度	28

は

ハーゲン・ポアズイユ流れ	111
はく離点	126
パスカルの原理	34
非圧縮性流体	14
非定常流れ	48
非ニュートン流体	30
ビンガム流体	30
浮力	42
ベルヌーイの定理	78
ポアズイユ流れ	107
ボイルの法則	27
保存則	16

ま

マグナス効果	130
マノメータ	38
ムーディ線図	125

迎え角	130
面積力	16
モル	24

や

揚力	130

ら

ラグランジュの方法	16、62
乱流	118
理想流体	68
流跡線	51
流線	50
流速	14
流体機械	12
流体力学	10
流動曲線	30
流脈線	50
臨界レイノルズ数	118
レイノルズ数	116
レオロジー	30
連続の式	14

著者紹介

西野創一郎（にしの そういちろう）

兵庫県生まれの愛媛県育ち。工学博士。慶應義塾大学大学院博士課程終了後、茨城大学へ。現在、同大学院理工学研究科量子線科学専攻、准教授。専門は材料力学、材料強度学（金属疲労）、塑性加工、溶接工学、X線・中性子線を利用した材料や構造物の解析など。100件以上の企業との共同研究を通じて、ものづくりと基礎工学をつなぐ仕事に奮闘中。著書：「図解 道具としての材料力学入門」（日刊工業新聞社）

図解　道具としての流体力学入門　　　　　　　　　　　NDC534.1

2019年2月27日　初版1刷発行　　　　定価はカバーに表示されております。
2025年4月11日　初版3刷発行

          Ⓒ著　者　　西　野　創　一　郎
          　発行者　　井　水　治　博
          　発行所　　日刊工業新聞社

〒103-8548　東京都中央区日本橋小網町14-1
電話　書籍編集部　　03-5644-7490
　　　販売・管理部　03-5644-7403
　　　FAX　　　　　03-5644-7400
振替口座　00190-2-186076
URL　　https://pub.nikkan.co.jp/
e-mail　info_shuppan@nikkan.tech

印刷・製本　新日本印刷(POD2)

落丁・乱丁本はお取り替えいたします。　　2019　Printed in Japan
ISBN 978-4-526-07936-8

本書の無断複写は、著作権法上の例外を除き、禁じられています。